27401

OBSERVATIONS

SUR

DIVERSES SÉRIES DE QUESTIONS

PRÉSENTÉES

PAR M. FÉART, PRÉFET D'ILLE-ET-VILAINE,

À MM. LES PRÉSIDENTS

Des Comices et Associations agricoles du même département,

LE 15 MAI 1860.

RENNES

IMPRIMERIE DE CH. CATEL ET Cie, RUE DU CHAMP-JACQUET, 23.

—

1860-1869

C.

Lettre de Son Excellence M. Rouher, alors Ministre de l'agriculture, du commerce et des travaux publics, en accusant à l'auteur réception de ses Observations, *qu'on va reproduire.*

Paris, le 8 décembre 1860.

MONSIEUR,

J'ai reçu le Mémoire que vous m'avez adressé le 1er décembre dernier, et qui renferme un résumé de vos *Observations* sur diverses questions de législation rurale.

J'ai l'honneur de vous remercier de cette communication, dont j'ai pris connaissance avec intérêt.

Comme il m'a semblé qu'elle pouvait être utilement consultée par la Commission du Conseil d'État, qui est chargée d'élaborer un projet de Code rural, je vous serai obligé de m'en adresser un second exemplaire, que je transmettrai au Président de ce grand Corps de l'État.

Recevez, Monsieur, l'assurance de ma considération distinguée.

Le Ministre de l'agriculture, du commerce et des travaux publics,

Signé : ROUHER.

M. GAGON.

Deuxième lettre autorisant l'impression de la première.

Autre lettre de Son Excellence M. Rouher, aujourd'hui Ministre d'État.

Paris, le 24 octobre 1866.

MONSIEUR,

Par la lettre que vous m'avez adressée, vous me demandez l'autorisation de placer en tête d'un ouvrage que vous allez prochainement publier sur la législation rurale, une lettre que je vous ai écrite le 8 décembre 1860.

Je ne vois aucun inconvénient à ce que cette lettre soit publiée, ainsi que vous m'en exprimez le désir, et je m'empresse, en conséquence, de vous en informer.

Recevez, Monsieur, l'assurance de ma considération distinguée.

Le ministre d'État,

Signé : ROUHER.

M. Gagon.

OBSERVATIONS

SUR

DIVERSES SÉRIES DE QUESTIONS

PRÉSENTÉES

PAR M. FÉART, PRÉFET D'ILLE-ET-VILAINE,

A MM. LES PRÉSIDENTS DES COMICES ET DES ASSOCIATIONS
AGRICOLES DU MÊME DÉPARTEMENT, DANS UNE
RÉUNION QUI A EU LIEU A L'HOTEL DE
LA PRÉFECTURE LE 15 MAI 1860.

―――⸎―――

INTRODUCTION.

Je n'ai pas répondu à toutes les questions du programme de M. le Préfet, ét si je l'avais fait, si j'avais
donné à chacune les développements qu'elle comportait,
il m'aurait fallu écrire non des pages, mais des volumes.
C'est à cause de cela que je me suis arrêté pour le titre
de mon travail au mot *Observations*, qui est tout à fait
élastique, qu'on peut restreindre ou étendre à volonté. Je
me suis d'ailleurs renfermé et j'ai dû me renfermer dans
des détails et des considérations de pure pratique, lais-
sant aux hommes de la science tout ce qui touche aux
théories. Il manque aux séries de questions de M. le
Préfet quelque chose qu'on aurait pu toutefois y rattacher :
c'est ce qui concerne les fumiers, les engrais et amendements. J'en ai parlé dans mes *Notions d'agriculture à
l'usage des petits propriétaires et fermiers des départements*

de la Bretagne; mais les personnes qui s'occupent sérieusement de cette industrie si précieuse et qui ont de l'instruction, trouveront dans les cours de chimie agricole de M. Malaguti, doyen de la Faculté des Sciences de Rennes, tout ce qu'on peut désirer en théorie sur les diverses branches de l'agriculture, et spécialement sur les propriétés fertilisantes des engrais et amendements de toute nature.

§ I.

ORGANISATION DES COMICES CANTONAUX.

« Quelles sont les modifications qu'il serait utile d'apporter à l'organisation ou aux règlements des comices cantonaux du département d'Ille-et-Vilaine?

« Serait-il désirable que les comices cantonaux eussent lieu successivement dans toutes les communes d'un même canton?

« Quels seraient les moyens de déterminer, dans ce but, toutes les administrations municipales d'un même canton à contribuer à la dépense de l'organisation d'un comice cantonal?

« Serait-il possible de créer, à frais communs, entre toutes les communes d'un même canton, le matériel nécessaire pour faciliter l'installation successive des comices dans les plus petites communes? »

Un bureau est nécessaire pour diriger les travaux de chaque comice. Ce bureau pourrait être composé d'un président, d'un vice-président, d'un secrétaire, d'un vice-secrétaire, d'un trésorier et de deux membres titulaires adjoints, tous nommés à la majorité des suffrages. Le renouvellement du bureau aurait lieu chaque année, mais ses membres seraient rééligibles indéfiniment. Le président aurait la police des séances, et nul ne pourrait prendre la parole sans en avoir obtenu préalablement la permission. Le secrétaire rédigerait les procès-verbaux des séances lorsque l'utilité en serait reconnue. En cas d'absence ou d'empêchement, ils seraient remplacés par le vice-président et par le vice-secrétaire. Toute décision serait prise à la majorité des voix exprimée par *mains levées*, ou, s'il y avait doute, par oui et par non sur l'appel nominal de chacun des membres présents. Le bureau prononcerait seul sur l'admission des personnes qui désireraient faire partie du comice. Une cotisation, dont le chiffre serait fixé par le bureau, serait payée par chaque membre du comice dans les deux premiers mois de l'année, délai après lequel son nom pourrait être rayé du tableau dressé par le secrétaire ou le vice-secrétaire. Tous les premiers dimanches de chaque mois, il y aurait réunion du comice, et lorsqu'il aurait été statué sur les objets soumis par le président à ses délibérations, il s'ouvrirait des conférences dans lesquelles chaque membre pourrait rendre compte des essais qu'il aurait faits et des résultats obtenus, ou proposer à l'assemblée ce qu'il jugerait propre à produire des améliorations dans les diverses cultures ou l'élevage du bétail. Il serait bon, au reste, qu'un règlement général et uniforme fût rédigé par une Commission composée de délégués des divers comices du département, et revêtu de l'approbation du Préfet.

On ne pourrait guère réunir les comices successivement dans toutes les communes du canton. Le chef-lieu convient beaucoup mieux, parce que, presque toujours, il est plus central; mais il serait désirable et juste que les concours de labourage et de bestiaux fussent tour-à-tour tenus dans chacune des communes. Toutefois, on ne peut se dissimuler que cela présenterait de sérieuses difficultés et occasionnerait des dépenses excédant les ressources pécuniaires du comice, s'il fallait créer à frais communs le matériel nécessaire pour ces sortes de fêtes agricoles, ou seulement en opérer le transport du chef-lieu de canton à l'une des communes, et de celle-ci au chef-lieu de canton.

Sur ce premier paragraphe, je me résume en exprimant de nouveau le vœu qu'une réunion de commissaires des divers comices du département arrête et rédige un projet de règlement qui, avec l'approbation du Préfet, deviendrait commun à tous ces comices.

§ II.

ESPÈCES BOVINE, PORCINE ET OVINE.

« Les diverses espèces bovine, porcine et ovine qui existent dans le département, répondent-elles aux besoins de l'agriculture?

« Les moyens employés jusqu'à ce jour dans le but d'améliorer l'espèce bovine ont-ils produit quelques résultats?

« Y a-t-il lieu de renouveler les mesures prises pour l'importation des animaux de la race Ayrshire ou de la race Durham?

« Y aurait-il utilité à substituer aux mesures ayant pour but l'importation d'animaux au compte du département, une mesure qui aurait pour effet d'accorder des prix élevés aux propriétaires et fermiers qui feraient des importations?

« Faut-il améliorer l'espèce bovine du département par elle-même?

« Faut-il mieux l'améliorer par le croisement?

« La plupart des cultivateurs entretenant des bêtes bovines dans le but d'obtenir du lait et du beurre, le croisement Ayrshire est-il le meilleur?

« Quelles sont les conditions de croisement les plus avantageuses?

« Connaît-on les résultats du croisement Ayrshire avec les races bovines d'Ille-et-Vilaine?

« Pour améliorer les races bovines du département, suffirait-il d'avoir recours à des reproducteurs des races Ayrshire et Durham?

« Quels sont les moyens de faire apprécier aux cultivateurs l'influence d'une bonne alimentation pour l'entretien et l'amélioration du bétail?

« Quelles sont les conditions que doit présenter l'espèce bovine dans les diverses contrées du département?

« Les agriculteurs ont-ils avantage à avoir des bêtes bovines en vue de la reproduction laitière et beurrière?

« Quels sont les moyens à employer pour leur faire apprécier les bénéfices que les diverses races pourront leur procurer en lait et en beurre?

« Auraient-ils, au contraire, un intérêt plus grand à élever des races propres à la boucherie?

« Donne-t-on aux bêtes bovines une nourriture convenable pour en obtenir un bon rendement?

« Quelle est la manière dont on doit nourrir et soigner les bêtes bovines?

« Y a-t-il avantage à provoquer la division des fourrages et des grains, ainsi que la cuisson des racines, qui entrent dans l'alimentation du bétail?

« Donne-t-on du sel aux animaux; à quelle dose, et quels sont les avantages qui en résultent?

« Le régime de la stabulation permanente étant reconnu le

plus avantageux, peut-il être mis en pratique dans le département?

« Les fermiers en connaissent-ils tous les avantages?

« Par quels moyens pourrait-on déterminer les fermiers à soumettre leurs bestiaux au régime de la stabulation permanente?

« Les prix décernés à l'espèce bovine produisent-ils de bons résultats?

« Ne devrait-on pas imposer certaines conditions à l'obtention des prix décernés aux taureaux?

« Doit-on donner de préférence des prix aux lots composés de plusieurs vaches ou génisses; ou bien faut-il mieux accorder des prix pour une seule tête de bétail?

« La composition d'un jury n'étant pas toujours facile dans tous les cantons, soit parce qu'on craint la partialité ou qu'on ne trouve pas des agriculteurs capables, le moment est-il venu de nommer soit une Commission départementale, soit un jury spécial par arrondissement?

« Quelles sont les mesures à prendre pour améliorer l'espèce porcine?

« Faut-il procéder par croisement, et avec quelle race?

« Serait-il préférable de propager dans le pays une race anglaise ou une race française?

« Quels moyens à employer pour déterminer les fermiers à changer la race porcine du pays?

« Par quels moyens pourrait-on faire adopter une race améliorée?

« Y aurait-il utilité à aviser aux moyens de multiplier l'espèce ovine dans le département?

« Comment faire apprécier aux cultivateurs les avantages que peut leur offrir l'élevage des moutons?

« Serait-il possible de déterminer chaque fermier à avoir un troupeau de moutons?

« Existe-t-il des races qui doivent être plus particulièrement encouragées que celle du département?

Les diverses espèces bovine, porcine et ovine, qui existent dans le département, répondent-elles aux besoins de l'agriculture?

Nous ne posons que cette première question du deuxième paragraphe, mais nous traiterons toutes celles qui y sont énoncées et qui se rapportent aux trois espèces de bétail qui en font l'objet ou ci-dessus désignées, nous bornant à séparer ce qui concerne chacune d'elles.

Espèce bovine. — Si on attache au mot espèces la signification de *races*, je crois, d'après ce que j'ai pu voir, qu'il n'existe dans le département d'Ille-et-Vilaine aucune race bovine pure; il n'y a que des espèces *métisses* ou des individus métis provenant de croisements qui remontent à des temps plus ou moins reculés. A ma connaissance, on ne trouve dans les cinq départements de la Bretagne d'autre race pure que la race dite *Bretonne*, et qui chaque jour tend à se dénaturer, à s'altérer ou à dégénérer par suite aussi de croisements volontairement ou fortuitement opérés. Genéralement, dans l'Ille-et-Vilaine, les vaches qui laissent beaucoup à désirer sous le rapport des formes ou de la constitution, sont assez bonnes laitières quand elles sont bien nourries.

Pour moi, je suis très-médiocrement partisan des croisements. Je voudrais qu'on s'attachât aux bonnes races, et qu'on s'appliquât à les perfectionner par elles-mêmes et par une alimentation convenable. Pour la reproduction, on ferait choix des sujets mâles et femelles le mieux conformés et doués des meilleures qualités. La race bretonne ne devrait pas être négligée, et je suis convaincu qu'elle est susceptible de développement, c'est à-dire d'acquérir plus de taille et de force lorsque l'on aura soin de faire un choix judicieux des élèves. La vache bretonne de race pure est remarquable par les formes, par ses qualités laitières, par la souplesse et la finesse de la mamelle ou du pis. La chaire de la race bretonne est fort succulente, mais cette qualité provient beaucoup plus sans doute des aliments, ou procède bien plus des aliments que de l'origine, et peut-être, vraisemblablement même, de ces deux causes.

Si les races anglaises d'Ayrshire et de Durham sont supérieures ou jugées telles, qu'on les introduise dans notre pays avec discernement, je veux dire dans toute leur pureté originelle, en faisant choix de sujets les plus distingués mâles et femelles, de manière à les propager en les améliorant, ce qui n'empêcherait pas de recourir à des croisements. Les propriétaires et fermiers qui n'ont pas d'abondants fourrages adopteraient la race d'Ayrshire, et ceux dont les ressources alimentaires sont plus étendues donneraient la préférence à la race Durham. Que ceux qui veulent obtenir principalement des produits en lait et beurre, optent pour la première, et ceux qui spéculent sur la viande, pour la seconde. J'ai vu de jeunes taureaux et des génisses, même des vaches de la race d'Ayrshire, et j'ai peine à croire que cette race l'emporte sur la race bretonne. Dans les croisements, il faut éviter de faire saillir de faibles vaches par de très-forts taureaux, et réciproquement. Pour introduire ces races ou toutes autres dans le pays ou seulement dans le département d'Ille-et-Vilaine, il convient, ce me semble, d'employer les deux moyens indiqués dans les questions, l'importation par l'administration et les primes ou prix aux propriétaires et fermiers qui opèreraient eux-mêmes et à leurs frais cette importation. Je me prononce pour les deux systèmes concurremment, parce que le dernier ne pourrait être pratiqué que par les grands propriétaires, et parce que le premier, qui conviendrait mieux pour les petits propriétaires et les fermiers, propagerait plus promptement et plus généralement les bonnes races étrangères dont les qualités seraient constatées au double point de vue de la production du lait et du beurre, ou de celle de la viande. L'alimentation du bétail de la race bovine peut donner lieu ou fournir matière à de nombreuses observations et distinctions. Les fourrages de toute espèce diffèrent les uns des autres par les propriétés générales et par les principes nutritifs de chacun d'eux, qui ne s'y rencontrent pas au même degré. Ces propriétés et ces principes, en quantité comme en qualité, dépendent de la nature du sol qui a produit les fourrages (et j'entends ici par fourrages tout ce qui est propre à l'alimentation du bétail), des engrais qu'on y a introduits et d'autres causes. — Si tous les fourrages étaient de qualité égale pour la nutrition, il serait facile de *doser* les rations de chaque jour en prenant pour règle, comme l'ont fait et indiqué d'habiles agriculteurs, les proportions physiques ou la force corporelle de chaque bête; mais il n'en est pas ainsi. Les plantes et racines qui croissent ou se développent dans les terrains très-gras et humides sont plus aqueuses que celles recueillies dans un sol convenablement fumé et un peu aride; enfin, celles qu'a produites une terre maigre et très-aride forment une troisième catégorie. Ce sont celles de la seconde qui, sous le même volume ou sous un volume égal, contiendront le plus de sucs nourriciers; celles de la première un peu moins, et celles de la troisième beaucoup moins. L'expérience et les soins habituels donnés aux bestiaux servent de guide. Le grand point quand on pratique le système de la stabulation, c'est de multiplier les rations, dont le nombre, toutefois, ne devrait pas être de plus de quatre par jour, en diminuant la quantité pour ceux qui n'auraient pas bien nettement mangé les premières.

Je viens de parler de la stabulation des bestiaux, que dans ses questions M. le Préfet considère, même lorsqu'elle est permanente, comme étant le régime reconnu le plus avantageux, et il demande s'il peut être mis en pratique dans le département. Je réponds négativement, et mon opinion ne variera pas jusqu'à ce que les propriétaires aient reconstruit ou aménagé autrement les étables de leurs fermes. Pour tenir le bétail constamment renfermé dans les étables, il faut qu'elles soient vastes et bien aérées, tandis que maintenant elles sont généralement presque privées d'air et humides. Les propriétaires se détermineront difficilement à faire les dépenses que des reconstructions et de nouveaux aménagements nécessiteraient, car ils ne pourraient obtenir de leurs fermiers soit l'intérêt de leurs capitaux, soit une augmentation de prix des baux. D'ailleurs, est-il bien vrai que le régime de la stabulation permanente soit le plus *avantageux?* Je l'admettrais, après l'accomplissement des travaux ci-dessus indiqués, pour les bestiaux mis à l'*engrais* et dont on n'attend qu'un produit en viande; mais je le repousse pour les vaches laitières et pour les élèves des deux sexes. En thèse générale, le grand air et l'exercice sont utiles pour entretenir les bestiaux en bonne santé et pour le développement de leurs forces quand ils sont jeunes; cela est incontestable. Je maintiens aussi que le lait et le beurre, donnés par des vaches qui paissent au moins pendant quelques heures chaque jour, seront d'une qualité supérieure à ceux qu'on obtiendrait d'elles en les soumettant au régime complet ou permanent de la stabulation. La nourriture ou l'alimentation des vaches laitières, pour en avoir de bons produits, doit être variée; et si on leur présente toujours ou longtemps le même fourrage ou les mêmes racines, que je comprends dans les fourrages, elles s'en dégoûteront, et le lait et le beurre contracteront, jusqu'à un certain point, la saveur ou l'insipidité de l'aliment ou quelques-unes de ses qualités. Nourrissez une vache durant plusieurs jours uniquement avec des betteraves, le lait sera aqueux et donnera peu de beurre; substituez à la betterave la carotte blanche à collet vert, le lait et le beurre auront de l'âcreté. Le lait et le beurre de première qualité seront toujours ceux que procurent des vaches qui paissent dans les prés ou dans les champs où les herbes sont d'espèces diverses, parce qu'ils sont comme un extrait de toutes ces plantes. Qu'on réduise si l'on veut le temps du pacage à quelques heures chaque jour, mais qu'on ne le proscrive pas d'une manière absolue pour les vaches laitières et pour les jeunes élèves de l'espèce bovine. Je comprends qu'en suivant ou pratiquant mon système, on aura moins de fumier, mais la perte éprouvée sous ce rapport sera compensée par la meilleure qualité des produits, la bonne santé du bétail ou le développement plus rapide des élèves. Quant à la préférence qu'on doit donner aux produits en lait et beurre ou en viande, cela dépend des circonstances, de la position des cultivateurs, de la plus ou moins grande abondance des fourrages, de leur nature, des débouchés qu'on a pour écouler les produits, etc. Le cultivateur intelligent saura bien ou aura bientôt appris ce qui est le plus profitable pour lui.

La cuisson des racines est-elle désirable et utile pour l'alimentation du bétail de l'espèce bovine? Je pencherai pour la négative, aussi longtemps du moins qu'il les mange avec appétit à l'état de crudité. La cuisson entraîne une perte de temps, une dépense en combustible, et enlève sans doute aux racines une partie des principes nutritifs qu'elles contiennent. A la vérité, la plupart des racines doivent être coupées ou réduites en parcelles; mais ce travail s'opère bien rapidement aujourd'hui à l'aide d'instruments mécaniques. Si on avait recours à la cuisson parce que les bestiaux les repousseraient à l'état de crudité, il faudrait peut-être les leur donner en pâtées, délayées avec l'eau dans laquelle on les aurait fait cuire, en y mêlant un peu de son ou de farine de céréales; mais pour les racines qui ont beaucoup d'âcreté, comme les carottes à collet vert, il serait nécessaire de jeter, après quelques instants d'ébullition, la première eau, qui serait remplacée par d'autre pour achever la cuisson. Ce serait avec cette dernière qu'on délayerait les pâtées. Des essais ont dû être faits à cet égard par les cultivateurs et éleveurs, qui savent à quoi s'en tenir sur la manière de préparer les racines pour arriver à une bonne alimentation du bétail, et pour qu'il les mange non pas sans répugnance, mais avec appétit et plaisir.

On ne fait pas assez usage du sel pour l'élevage et l'entretien en bonne santé du bétail de l'espèce bovine. Il conviendrait d'arroser de temps à autre, avec de l'eau légèrement salée, les fourrages verts ou secs qu'on leur présente. On se servirait pour cela d'un grand arrosoir à main comme ceux de nos jardiniers, et pendant cette opération on agiterait les fourrages avec une fourche de bois. Lorsque les bêtes de l'espèce dont il s'agit parais-saient indisposées et manquaient d'appétit, j'ai vu qu'on leur faisait avaler, le matin, une poignée, soit 250 ou 500 grammes de gros sel, et elles redevenaient gaies et bien portantes. Cette substance facilite leur digestion, les purge, et prévient quelquefois des maladies graves.

Je pense qu'il serait préférable d'accorder les prix ou primes à des groupes de plusieurs vaches, taureaux et génisses, que de les donner pour une seule tête de bétail, et cela pour une raison bien simple et bien évidente. En effet, le désir, je dirais même l'ambition d'obtenir les primes, peut déterminer à prodiguer des soins à une seule bête du troupeau et au détriment des autres. Quant aux taureaux, on devrait imposer aux propriétaires à qui il est décerné une prime, l'obligation de les conserver au moins pendant un an et de les employer durant ce temps à la reproduction ou à la saillie des vaches du voisinage.

Malgré les inconvénients signalés par M. le Préfet, il serait difficile de nommer soit une Commission départe-mentale, soit un jury spécial par arrondissement pour la désignation des bestiaux dignes d'être primés. Comment espérer trouver des personnes assez dévouées pour se déplacer gratuitement? et s'il fallait leur accorder des

indemnités, ce serait ajouter une nouvelle dépense à celles des comices dont les ressources sont déjà insuffisantes (1).

Avant de terminer mes observations, qui n'embrassent peut-être pas l'ensemble des questions posées par M. le Préfet en ce qui concerne l'espèce bovine, je me permets de faire remarquer qu'on ne devrait pas trop multiplier les concours et les fêtes agricoles, qui n'attirent pas seulement les cultivateurs sérieux, mais le plus souvent une foule de curieux, de paresseux toujours disposés à abandonner leurs travaux pour leurs plaisirs, et pour dépenser dans les cabarets de l'argent que les besoins de leurs familles réclameraient. Ces réunions favorisent aussi le libertinage de la jeunesse, en lui offrant l'occasion de s'y livrer. Si les concours et les distributions des primes dans chaque canton n'avaient lieu que tous les deux ans, on leur imprimerait par ce laps de temps une plus grande solennité, et on serait plus à même de constater les progrès réalisés au double point de vue de la culture des terres et de l'élevage du bétail de toute espèce.

Espèce Porcine. — On déprécie tous les jours les espèces ou les variétés des espèces porcines du département d'Ille-et-Vilaine et des autres départements de la Bretagne, qui cependant ont des qualités qu'on ne devrait pas dédaigner. On vante au contraire, et peut-être

---

(1) Je ne me suis pas étendu sur les soins à donner au bétail de la race bovine autres que ceux qu'exige leur alimentation 1° parce que aucune des questions ne s'y référait directement ; 2° parce que un de mes frères avait traité d'une manière plus complète le même sujet dans une brochure qui n'a peut-être pas été aussi répandue qu'elle méritait de l'être, et que je me propose de faire réimprimer.

outre mesure, d'une part, l'espèce Craonnaise, et de l'autre, plusieurs espèces de l'Angleterre. L'expérience seule pourra démontrer auxquelles la préférence devra être accordée. Le porc ne rend aucun service et ne donne aucun bénéfice pendant sa vie, si ce n'est par sa reproduction. Les truies étant d'une grande fécondité, la vente des jeunes pourceaux peut procurer des profits d'autant plus considérables, que l'alimentation de la mère pendant la gestation n'exige pas beaucoup de dépense, et que ses petits, jusqu'à l'âge de deux mois, coûtent peu. C'est sur cette espèce de bétail qu'on peut, sans s'exposer à éprouver de fâcheuses déceptions, faire l'essai des croisements avec la race Craonnaise ou avec des races d'Angleterre qui, assure-t-on, se nourrissent plus facilement et s'engraissent plus promptement. C'est aux riches propriétaires à donner l'exemple, à faire les expériences, et lorsqu'ils auront obtenu de bons résultats, ils trouveront des imitateurs parmi les petits propriétaires et les fermiers. Voilà le plus sûr et presque le seul moyen de propager les meilleures espèces de bétail. Il en est de même pour toutes les améliorations agricoles ou pour les améliorations dans toutes les branches de l'industrie agricole. On ne saurait trop encourager par des primes ou autres récompenses l'élevage de l'espèce porcine, dont la chair est excellente dans nos contrées tempérées, et qui fournit d'abondants aliments pour la classe peu aisée de la société, et aussi des mets délicats pour la table du riche ou de la partie riche de la population. Pour que la chair des porcs soit de bonne qualité, pour qu'elle soit succulente, il faut procéder avec méthode et intelligence à leur nourriture. Dans la première période, celle de leur accroissement, les aliments les plus simples, pourvu qu'ils les mangent avec appétit, suffisent; mais dans la seconde période, celle de l'engraissement, on doit recourir aux grains en nature, ou concassés ou réduits en farine délayée avec du lait et un peu d'eau, aux petits pois, aux fèverolles ou fèves concassées, aux glands, etc.

Espèce Ovine. — J'ai déjà eu occasion d'exprimer dans ma brochure ayant pour titre : *Notions d'agriculture à l'usage plus particulièrement des petits propriétaires et fermiers des départements de la Bretagne*, combien il importerait de multiplier l'espèce ovine, si précieuse et par sa chair, l'une des plus nourrissantes et des plus succulentes de nos boucheries, et par sa laine qui, à l'aide des machines d'invention moderne, se transforme en tissus dont la beauté, la finesse et le lustre ne le cèdent qu'à ceux de soie. La laine habille le pauvre comme le riche, et si on pouvait en augmenter assez la quantité, nous n'aurions plus à demander aux pays étrangers le coton, ou nous leur en demanderions beaucoup moins. Sous le rapport de la salubrité et de la durée, les étoffes de laine sont bien supérieures à celle de coton. Efforçons-nous donc d'augmenter autant que possible la production de la laine en multipliant l'espèce ovine, et tâchons de vaincre les idées et les préjugés qui jusqu'à présent s'y sont opposés dans nos contrées. La Bretagne, dit-on, ne convient pas à ce bétail parce que son sol est trop humide, ses herbages trop gras et trop aqueux; on ne peut en élever que sur les rivages de la mer, dans les parties rares de cette ancienne province où on rencontre des montagnes et des coteaux non susceptibles de culture. Le

fait est que la généralité de nos paysans, de nos fermiers, n'ont qu'un petit nombre de moutons, mais qui
se portent assez bien, et qui donnent de la laine d'assez
bonne qualité quoique l'on néglige la plupart des soins
que réclament leur constitution et la fourrure dont la
Providence les a abrités. Je ne puis désigner les espèces
qu'il faudrait adopter par préférence. C'est aux natura-
listes à suppléer, sur ce point, à mon insuffisance. Pour
moi, j'engagerais à propager provisoirement celles qui
sont déjà acclimatées dans le pays, qui sont le plus esti-
mées, et qui s'amélioreraient pour la viande comme pour
la laine en les traitant mieux qu'on ne l'a fait jusqu'ici.
Il n'est aucun de nos cultivateurs qui ne puisse apprécier les avantages qu'offre l'élevage des moutons. En
effet, la toison d'une brebis et son croît, qui est souvent
de deux agneaux, procurent un beau bénéfice chaque
année. Engraissés, les moutons se vendent fort bien,
car leur viande très-substantielle, succulente et délicate,
tient dans nos halles le premier rang et le prix le plus
élevé. Je suis convaincu qu'on déterminerait facilement
les fermiers, toujours par l'exemple et aussi par les
conseils, à se créer un troupeau de moutons en rapport
avec l'étendue de leurs exploitations. La division de nos
fermes s'y prêterait bien. Voici un plan fort simple que
j'ai conçu depuis que je m'occupe un peu d'agriculture,
et que j'aurais mis à exécution si je n'étais pas arrivé à
un âge aussi avancé : faire construire une petite bergerie
en bois dont les principales pièces seraient liées entre
elles au moyen de boulons avec écrous. Le surplus serait
composé de panneaux comme ceux des *devantures* des
magasins de nos marchands des villes. Les panneaux

formant la toiture, recouverts de zinc, s'enchevêtreraient les uns dans les autres de manière à ne pas laisser de passage à l'eau dans l'intérieur. Les poteaux servant d'appui à tout l'édifice seraient établis sur des socles en pierres de taille dans lesquelles ils seraient emboîtés. On poserait cet édifice, à l'un des bouts duquel on ménagerait une petite loge pour le berger et son chien, dans un des champs de la ferme dont les clôtures seraient mises en bon état, et qu'on laisserait à pâture, où les moutons jouiraient de toute leur liberté pendant le jour. Les panneaux garnissant les côtales de la bergerie étant mobiles, on lui donnerait autant d'air qu'on le voudrait. Elle serait toujours ouverte pour que les moutons pussent s'y réfugier lors des fortes chaleurs ou des grandes pluies, qui sont nuisibles à leur santé autant qu'à leur laine. Des amas de paille seraient placés à quelque distance de la bergerie, afin qu'on eût sous la main des litières. A l'intérieur on installerait, séparés les uns des autres, de petits rateliers sous chacun desquels il y aurait une mangeoire. A l'extérieur, on poserait dans l'étendue ou la longueur de la pièce de terre servant de parc, et à des distances de dix ou douze mètres, des poteaux garnis d'une chaine légère en fer à laquelle on attacherait de petits faisceaux ou paquets de fourrages verts ou secs que les moutons brouteraient par leurs extrémités, ce qui préviendrait le gaspillage de ces fourrages. Dans les mois d'hiver on pourrait aussi, comme cela se pratique en Écosse, repandre sur le sol des navets, des turneps, que les moutons mangent très-bien sans qu'on se donne la peine de les couper où diviser. Le piétinement des moutons, les émanations de

leurs pieds quoique garnis de corne, et leurs déjections,
communiqueraient au sol des principes fertilisants. Après
quatre ou cinq ans, on transporterait la bergerie sur une
autre pièce de terre de l'exploitation ou de la ferme. Il faudrait, pour plus d'économie, que le berger pût se livrer
à quelques ouvrages productifs dans les moments qui ne
seraient pas donnés aux soins du troupeau. Je soumets
aux cultivateurs ma conception, qui, peut-être, trouvera
des partisans ou approbateurs, mais qui sans doute ren-
contrera aussi des détracteurs. Nous pourrions d'ailleurs,
pour l'éducation et l'élevage des moutons, imiter les
Anglais, qui sont parvenus à se procurer de fort belles
laines par des croisements d'espèces et par la manière
de traiter ce bétail. Pour le maintenir en bonne santé,
on pourrait lui administrer du sel en petites doses, surtout dans la mauvaise saison, ou arroser d'eau salée
légèrement les fourrages secs servant à son alimentation.

§ III.

ANIMAUX DE PUR SANG.

« Est-il opportun de créer, pour le département, un *herd-
book* ou catalogue des animaux de pur sang?

« Dans quelles conditions devrait-on inscrire les animaux
sur ce catalogue?

« Y aurait-il utilité à publier, tous les ans, l'herd-book des
pur sang?

« Les taureaux de pur sang doivent-ils être admis à con-
animaux de courir avec les taureaux du pays?

« Serait-il utile d'établir un concours et une vente publique
annuelle pour les animaux de pur sang du département?

J'ai peu de choses à dire sur ce paragraphe. Je ne

vois pas d'inconvénients à ce que l'on crée un herd-
book ou un catalogue des animaux de pur sang, mais je
n'en apprécie pas bien l'utilité pour ceux des espèces
bovine, porcine et ovine. Il me semble qu'on a plus de
tendance pour ces espèces à opérer des croisements et
à obtenir conséquemment des métis, qu'à maintenir dans
leur pureté originelle les races du pays ou celles importées des régions étrangères plus ou moins éloignées de
France. Il faut d'ailleurs se bien convaincre que le sol,
le climat, la nature des herbages et des fourrages
de toute espèce, ont une grande influence sur les animaux et modifient les races au point quelquefois
qu'après deux ou trois générations elles ne sont plus
reconnaissables. Il n'en peut être autrement; les hommes
eux-mêmes ne diffèrent-ils pas beaucoup selon qu'ils
habitent des contrées montagneuses ou des pays de
plaines? Le Hollandais ressemble-t-il à l'Espagnol ou au
Sicilien?

Toutefois, je crois qu'il conviendrait de ne pas faire
concourir les taureaux de pur sang ou ayant peu dégénéré
avec ceux du pays. Des concours distincts pour les uns
et les autres sont préférables. Quand l'utilité de s'attacher à des races étrangères a été reconnue, il faudrait
les renouveler, ou régénérer en quelque sorte en important d'autres sujets mâles et femelles de ces mêmes
races.

On peut avec avantage pour les départements de la Bretagne, où on est peu disposé ou peu porté aux innova-
tions, continuer pendant quelque temps, si cela n'est pas
trop onéreux pour l'Administration, à faire des ventes
publiques annuelles, non pas des animaux pur sang

de chaque département, mais bien d'animaux pur sang venant des pays étrangers d'où ils sont originaires, et cela par les motifs exposés plus haut. Au reste, c'est toujours au patriotisme des riches propriétaires qu'on doit faire appel pour l'introduction dans le pays des meilleures races de bétail, ainsi que pour donner l'exemple de toutes les améliorations à apporter dans notre industrie agricole.

§ IV.

RACE CHEVALINE.

« Les moyens employés jusqu'à ce jour pour améliorer la race chevaline sont-ils suffisants?

« Quels sont les croisements que les cultivateurs doivent préférer?

« Quelle est la nourriture qu'il convient le mieux de donner dans ce pays à la race chevaline?

« Quels sont les soins que doivent prendre à ce sujet les agriculteurs?

« Le règlement des concours hippiques du département est-il suffisant pour faire produire le bon cheval?

« Les prix sont-ils assez importants pour provoquer des améliorations?

« Y a-t-il un assez grand nombre d'étalons aptes à améliorer les races du pays?

« Dans les diverses contrées du département, quels sont les étalons auxquels on doit accorder la préférence?

« Des subventions étant accordées par l'État et le département pour donner des prix aux propriétaires d'étalons, de pouliches et de juments suitées, les prix décernés à l'espèce chevaline par les comices ont-ils quelque influence sur l'amélioration?

« Les saillies gratuites sont-elles utiles?

« Les fermiers qui se contentent d'élever le cheval réali-
sent-ils les mêmes bénéfices que ceux qui ont des juments
poulinières?

« Quel serait le moyen de démontrer aux cultivateurs les
avantages de la production chevaline?

« Les prix accordés par quelques comices aux poulains
entiers nés dans le département des Côtes-du-Nord et élevés
dans l'Ille-et-Vilaine, qui ne sont pas aptes à pouvoir être employés comme reproducteurs, peuvent-ils avoir quelque influence sur l'amélioration de l'espèce?

« L'argent consacré en prix par les comices pour l'espèce
chevaline ne pourrait-il pas être affecté plus efficacement pour
d'autres encouragements?

« Est-il avantageux d'employer de préférence le cheval pour
tous les travaux de la ferme?

« Le nombre de concours hippiques est-il suffisant? »

Les moyens employés jusqu'à présent pour améliorer
la race chevaline dans les départements de la Bretagne,
ont été, suivant moi, insuffisants, mais surtout défectueux, et donnent lieu à des critiques bien fondées. J'ai
déjà exprimé mon opinion à ce sujet dans mes réponses
à des questions qui avaient été posées dans un programme
publié par l'Association agricole bretonne, avant sa réunion à Saint-Brieuc (Côtes-du-Nord), en octobre 1856,
réponses qui furent peu appréciées, et que je me permet-
trai néanmoins de reproduire ici avec quelques nouvelles
observations.

Et tout d'abord, je dirai avec des hommes très-sensés,
n'avons-nous pas besoin de chevaux des diverses espèces,
de chevaux de trait, de chevaux fins ou de main, de
carrossiers qui tiennent le milieu entre les deux autres?
Pourquoi donc s'attacher si opiniâtrément à vaincre la

nature, à substituer à une espèce bonne et utile une
autre espèce qui prospère ou peut prospérer dans une
contrée différente de notre vaste empire? Que dans nos
départements méridionaux on essaie d'acclimater et de
perpétuer la race des chevaux arabes, je comprends cela;
mais qu'on ait la prétention de l'importer en Bretagne,
dont le sol est généralement humide et boueux, dont le
climat est froid et brumeux, voilà ce que je ne puis ni
concevoir ni admettre. Si on veut absolument modifier
nos chevaux de trait bretons, et parmi lesquels on trouve
d'excellents *trotteurs*, qui soutiennent parfaitement bien
la fatigue, il faudrait procéder graduellement. On peut
allier nos fortes juments des Côtes-du-Nord, par exemple,
à des chevaux de trait moins lourds, à de beaux et
vigoureux carrossiers, mais ne renonçons pas entièrement à la race de nos chevaux de trait bretons, qui sont
estimés et recherchés, dont la corpulence si développée
ajoute beaucoup par son poids à la force musculaire. Que
feraient nos cultivateurs paysans, nos fermiers, de chevaux fins qui ne peuvent être montés, utilisés ou vendus
qu'à l'âge de trois ou même de quatre ans? Les élèves
pour le trait leur offrent plus d'avantages, exigent moins
de soins et commencent à travailler dès qu'ils ont atteint
l'âge de douze ou quinze mois. Voici ce qui se pratique
le plus communément dans les départements de la Bretagne. Les juments poulinières sont *cantonnées* ou réu-
nies en une même contrée, ce qui est presque nécessaire,
parce que le mélange ou la présence de chevaux entiers
ou de juments donnerait lieu à de fréquents accidents.
Les propriétaires de celles-ci vendent les poulains dès
qu'ils sont parvenus à l'âge de six, huit ou dix mois, et

ils y sont en quelque sorte contraints, parce qu'ils n'ont pas d'écuries assez vastes pour y loger et maintenir un si grand nombre de têtes de ce bétail. D'autres cultivateurs de contrées différentes les achètent, les mettent au trait, comme je l'ai déjà dit, à l'âge d'un an et de quinze mois, puis les vendent à trois, quatre ou cinq ans, et le plus souvent aux cultivateurs ou maquignons des départements de la Normandie, du Poitou ou de l'Anjou. Les propriétaires de juments, les producteurs, si l'on veut, et après eux les éleveurs, réalisent, surtout les premiers, d'assez beaux bénéfices. Ceux des seconds, des éleveurs, sont de deux espèces, et consistent dans le travail de leurs élèves et l'augmentation de valeur que ceux-ci ont acquise lorsqu'ils ont été bien nourris et bien soignés. Je crois que ces usages sont bons à conserver ou à entretenir. Sauf quelques exceptions, nos fermiers nourrissent bien, trop abondamment quelquefois, leurs chevaux, mais ils négligent beaucoup trop, pour ne pas dire tout à fait, les soins de la main, si importants cependant, pour accélérer leur développement quand ils sont jeunes et pour les maintenir à tout âge en bonne santé. Ils ne les étrillent point ou ne les étrillent que rarement, ne les brossent pas, ne leur font pas le poil ou le crin des jambes, du cou, et ne leur lavent pas les jambes lorsqu'ils les ont couvertes de boue après leur travail.

Les aliments qu'on leur présente sont variés, mais ils ne sont pas toujours de bonne qualité. Dans la belle saison, on les fait paître dans les champs ou dans les prés, lorsqu'on ne les emploie pas à des travaux fatigants. On leur donne à l'écurie, selon les localités, du grand trèfle rouge, du trèfle incarnat ou du Roussillon, des luzernes,

des vesces, etc., à l'état naturel ou en vert. Tous ces
fourrages sont bons si on sait en user sagement, c'est-à-
dire si les quantités sont suffisantes, si on évite les excès
opposés, le trop ou le trop peu. En hiver, ou lorsque les
fourrages verts manquent, ils sont remplacés par les
fourrages secs, le foin des prairies naturelles et des prairies artificielles, et dans quelques contrées, par l'ajonc
coupé et broyé. Ce dernier fourrage est excellent et on
peut se le procurer partout, mais sa qualité diffère beaucoup, suivant qu'il croît dans de bonnes ou de mauvaises
terres. C'est un fourrage vert très-substantiel, qui tient
les chevaux frais et bien portants. Aujourd'hui qu'on a le
coupe-ajonc, la préparation de cet aliment exige beaucoup moins de temps, et d'ailleurs elle s'accomplit dans
les longues soirées d'hiver, conséquemment sans nuire
aux autres travaux de la ferme. On ne saurait trop le
recommander aux cultivateurs qui ne l'ont pas encore
adopté.

Les étalons du haras n'étaient pas assez nombreux,
en Bretagne du moins, et ainsi que j'en ai déjà fait l'ob-
servation, peu ou mal appropriés aux besoins du pays,
et par suite bien peu aptes à améliorer les races ou les
espèces chevalines qu'on y possède et qu'on y élève
depuis longtemps. Une réforme s'est faite depuis quelques
années, et l'on doit y applaudir. On a autorisé des
fermiers et des propriétaires à suppléer à l'insuffisance
des étalons du gouvernement. Leurs étalons sont visités
et admis par des délégués de l'Administration, et des
primes sont accordées aux plus beaux. On peut espérer
de bons résultats de cette innovation; mais, je le répète,
il faudrait aussi, par des primes, stimuler les grands

propriétaires et nos fermiers à l'aise, sinon riches, à introduire dans les départements de la Bretagne des étalons de l'espèce de chevaux de trait plus parfaits sous le rapport des formes, comme il y en a dans quelques autres des départements de l'Empire. Les concours hippiques et les primes données aux propriétaires d'étalons sont de nature à faire atteindre le but que j'indique, c'est-à-dire à perfectionner l'espèce ou la race des chevaux de trait bretons, parmi lesquels le gouvernement recruterait d'excellents sujets pour l'artillerie et la grosse cavalerie.

On ne saurait mettre en doute que les primes données publiquement aux propriétaires d'étalons, de pouliches et de juments suitées, n'aient pas une grande influence sur l'amélioration de l'espèce chevaline. Les subventions accordées par l'État pourraient bien dispenser les comices de décerner eux-mêmes des prix ou primes à ces mêmes propriétaires, mais le concours des deux moyens peut hâter le succès auquel on désire arriver. Toutefois, on ne doit pas oublier que les transformations de races et d'espèces ne peuvent être opérées que graduellement et lentement. Les saillies gratuites seraient incontestablement fort utiles, et on pourrait les imposer ou les rendre obligatoires aux propriétaires d'étalons qui auraient reçu du gouvernement de fortes primes ou subventions, ce qu'il serait peut-être difficile de bien réglementer, chaque étalon ne pouvant saillir, sans s'épuiser promptement, qu'un nombre déterminé de juments par jour ou même par semaine; on pourvoirait à cela en exigeant des propriétaires de juments de se faire inscrire à l'avance, et de faire fixer le jour où ils seraient tenus de les présenter à la saillie.

Il serait à désirer qu'on employât pour le labourage et pour le service intérieur de chaque ferme les bœufs de préférence aux chevaux; mais il faudrait s'attacher aux grands bœufs de travail comme en a M. le directeur de la ferme modèle des Trois-Croix, près de Rennes, lesquels ont un pas allongé qui diminue les inconvénients de la lenteur de leur allure naturelle, allure dont la régularité convient beaucoup à la culture des terres. Un autre grand avantage qu'on obtiendrait de cet usage, serait d'augmenter, dans une large proportion, le nombre des bestiaux et la quantité de viande de boucherie, dont le prix est trop élevé pour la classe ouvrière et industrielle. On aurait un, deux, trois ou un plus grand nombre de chevaux, suivant l'importance de l'exploitation, pour les charrois à faire en dehors de ses limites.

Je suis toujours étonné de voir le gouvernement, les sociétés et comices d'agriculture, consacrer des sommes considérables pour les courses de chevaux telles que celles qui existent aujourd'hui dans une foule de localités. Ces courses peuvent-elles exercer de l'influence, une influence bien profitable au pays, sur l'élevage et l'amélioration de l'espèce chevaline? Je ne le pense pas. Je ferai remarquer en premier lieu, ce qui n'est échappé à personne, que les prix de la plus grande valeur sont donnés à des chevaux étrangers à la contrée où on les décerne, et, d'un autre côté, à des chevaux qui ont été soumis pendant quelque temps, avant d'être amenés sur les hippodromes, à un régime de nature à exciter au plus haut degré le système nerveux et le système musculaire, mais qui les use promptement et les rend impropres à tout service utile à la société, soit en paix, soit en guerre. Si les courses sont maintenues, les prix ne devraient être décernés qu'aux chevaux nés et élevés dans le département ou dans une circonscription un peu plus étendue, et surtout aux chevaux qui fourniraient le plus rapidement au trot, attelés ou montés, une carrière de dix à douze kilomètres, selon l'âge des chevaux. Les chars seraient par eux-mêmes, ou par des accessoires, d'un poids déterminé. Il en serait de même pour les chevaux de selle, qui devraient être chargés, homme et harnais compris, d'un nombre de kilogrammes égal à celui que portent en campagne les montures de nos différentes armes de cavalerie, depuis le carabinier jusqu'au hussard. Voilà des courses qu'on devrait encourager, parce que on en retirerait des avantages au point de vue de l'élevage comme à celui des services à rendre au pays. Les chevaux de trait pourraient aussi être éprouvés d'une façon conforme à leur destination ou à l'emploi qu'on en doit faire. Je sais que les courses et les épreuves que je voudrais introduire n'attireraient pas les curieux, toujours avides de spectacles émouvants et périlleux, mais les hippodromes ou turfs ne seraient plus des arènes où viennent s'engloutir de belles fortunes par les dépenses qu'on fait pour y produire des chevaux rares, à la vérité, achetés à des prix fabuleux, et par les paris excessifs qui s'engagent à l'occasion de ces courses; mais ce ne serait pas là un des moindres bienfaits de la réforme que je propose de leur faire subir, et à laquelle les gens sages ne manqueront pas de donner leur approbation. C'est aussi ce qui pourra faire excuser cet article, qui ne rentrait pas dans les questions du programme de M. le préfet d'Ille-et-Vilaine.

Quand on s'occupe du cheval, on a peine à s'arrêter. Cet animal, si beau de formes, est, comme le chien, un des bons amis de l'homme, aux plaisirs, aux travaux et aux périls duquel il s'associe; il est ou paraît fier de lui prêter son concours. Dans une bataille, il s'anime, il hennit et s'élance avec une ardeur impétueuse sur l'ennemi. Il relève plus superbement sa tête lorsque la victoire couronne ses efforts et ceux du maître qui le guide. Dans la défaite, au contraire, il devient triste, son cou fléchit, il semble honteux de n'avoir pas vaincu (1). Son intelligence est au moins égale à son courage; il s'enorgueillit des services qu'il rend, et il est joyeux des succès auxquels il a quelquefois une si grande part. Son attachement pour celui qui le dirige et lui donne des soins se manifeste de la façon la plus éclatante. Que de droits n'a-t-il pas à être traité avec douceur? et cependant il est souvent accablé de coups par des hommes d'une révoltante brutalité. Honneur à M. de Gramont, qui a voulu que des peines fussent infligées aux auteurs de mauvais traitements non excusables envers les animaux domestiques! La loi à laquelle on a donné son nom est trop rarement appliquée, ou ne l'a été que trop rarement depuis son émission. En Russie, on n'excite les chevaux que de la voix seulement (2), et dans quelques parties des départements de la Bretagne, et plus spécialement dans les environs de Ploërmel et Josselin, les paysans animent leurs chevaux, employés au labourage, par des chants adressés à ces animaux mêmes, qui, en les en-

---

(1) Racine, tragédie de *Phèdre*, récit de Théramène.
(2) M. de Custines, *Voyage en Russie*.

tendant, redoublent d'efforts. De pareils moyens, puisqu'ils réussissent ailleurs, devraient être mis partout en pratique, au lieu de recourir continuellement aux violences, aux coups de fouet, et souvent aux coups de manche de fouet. Des maîtres impitoyables exigent de leurs chevaux plus que les forces de ces animaux ne leur permettent de faire, et c'est alors qu'ils se livrent contre eux à des actes de cruauté. Ces insensés, en faisant dépérir leurs chevaux, opèrent souvent leur propre ruine. Qu'ils sachent ou qu'ils apprennent que le cheval bien nourri, bien soigné et bien conduit, refuse bien rarement ses services à l'homme, quand on ne les lui demande que dans la mesure de ses moyens.

Il suffirait, je pense, d'un concours hippique par arrondissement de sous-préfecture, et dans l'une des communes désignées par le préfet, après avoir pris l'avis de la Commission chargée de désigner les sujets de l'espèce chevaline dignes d'être primés.

§ V.

ENSEIGNEMENT AGRICOLE.

« Quels sont les meilleurs moyens de propager l'instruction agricole dans les campagnes?

« Suffit-il de donner des notions d'agriculture aux instituteurs?

« Suffit-il de faire connaître quelques principes d'agriculture aux enfants des écoles communales?

« Est-il utile qu'un champ d'expérimentation soit mis à la disposition de chaque instituteur?

« Suffirait-il que l'instituteur donnât des leçons pratiques à ses élèves, en les conduisant dans diverses fermes du voisinage?

« Quels sont les meilleurs ouvrages d'agriculture à donner aux enfants ou aux fermiers?

« Par quels moyens peut-on faire connaître les meilleures méthodes culturales aux fermiers?

.« Comment les déterminer à les mettre en pratique?

« Comment pourrait-on arriver à instruire les serviteurs ruraux?

« Doit-on continuer à donner des prix aux instituteurs et à leurs élèves?

« Les prix décernés aux instituteurs et à leurs élèves doivent-ils être en argent?

« En médailles?

« En ouvrages élémentaires d'agriculture?

« Quel est le meilleur programme à donner aux instituteurs pour des leçons d'agriculture aux enfants?

« Serait-il nécessaire qu'il y eût un ou plusieurs professeurs spéciaux chargés d'aller donner des leçons, soit dans les communes, soit dans les chefs-lieux de canton?

« Quels seraient les moyens de faire pénétrer l'instruction agricole dans toutes les fermes du département?

« Les diverses variétés de grains cultivées dans l'Ille-et-Vilaine sont-elles les meilleures et les plus avantageuses? »

C'est une heureuse idée qu'on a eue d'inculquer dans l'esprit ou la mémoire des jeunes garçons qui fréquentent les écoles primaires rurales, des principes ou des notions d'agriculture. Ces principes et notions doivent être élémentaires et simples, en d'autres termes, être mis à la portée de leur intelligence. Je crois que cela suffirait au point de vue théorique; mais l'instituteur y ajouterait des leçons pratiques en les conduisant ou en leur faisant faire des promenades sur les fermes voisines le mieux exploitées, dans les saisons où s'accomplissent les divers travaux préparatoires d'ensemencement, et tous autres travaux, qui deviendraient la matière d'explications et d'enseignements donnés sur les lieux mêmes.

Les ressources des communes ne leur permettraient pas d'annexer à la maison d'école un champ d'expérimentation, que l'instituteur ne pourrait d'ailleurs cultiver sans avoir des engrais et même quelques instruments aratoires, ce qui entraînerait de grandes dépenses relativement, je le répète, aux moyens financiers de nos communes rurales.

J'indiquerais difficilement les meilleurs ouvrages qu'on pourrait mettre dans les mains des élèves, mais j'approuve beaucoup le plan et même le contenu des deux petites brochures qu'a fait imprimer et publier M. Bodin, directeur de la ferme modèle des Trois-Croix, près de Rennes : je veux parler de son *Questionnaire* et de ses *Promenades Agricoles.* On doit applaudir à l'idée ingénieuse de leur auteur, en l'invitant toutefois à donner à ces deux ouvrages un peu plus de développements. Sur divers points ou divers travaux, on aimerait à trouver plus d'explications, plus de renseignements, qu'il est bien à même d'y ajouter. La forme du questionnaire est excellente pour bien graver dans la mémoire des enfants les premières notions d'un art ou d'une science; c'est une espèce de catéchisme d'agriculture. Plus tard, on pourrait leur décerner comme prix le *Cours d'Agriculture* de M. de Gasparin, ou la *Nouvelle maison rustique*, ou enfin des abrégés de ces deux ouvrages faits par quelque membre instruit et dévoué de la société d'agriculture de Rennes ou des comices du département. Si ses occupations scientifiques lui en laissaient le loisir, M. le professeur Malaguti, dont l'esprit d'analyse est fort remarquable, accomplirait cette tâche à la satisfaction de tous ceux qui s'intéressent aux progrès de l'industrie agricole dans le département de l'Ille-et-Vilaine et dans les autres départements de la Bretagne. Les élèves les plus distingués liraient à un âge plus avancé les *Cours de chimie agricole* que nous devons au savant professeur que je viens de nommer. (1)

Les prix décernés aux instituteurs et aux élèves sont un des plus puissants moyens pour stimuler le zèle et l'application des uns et des autres. Je crois qu'on devrait donner des prix en argent aux instituteurs, fort mal rétribués généralement, et aux élèves, en ouvrages élémentaires, sur lesquels ou mentionnerait la cause ou les motifs de leur obtention. Cette attestation devrait émaner des présidents des comices, ou bien des préfets et sous-préfets sur rapports des mêmes présidents. Quand le même professeur ou le même élève aurait mérité successivement plusieurs prix de la nature de ceux qu'on vient d'indiquer, on leur donnerait une médaille en argent ou en bronze qu'ils seraient autorisés à porter publiquement, et qui ferait connaître à quel titre elles leur ont été accordées. Je n'ose en déterminer le modèle ni le module, ni proposer l'inscription dont on devrait les

---

(1) J'indique comme très-bon à lire et à consulter par l'administration comme par les agriculteurs et les élèves en cette science, l'ouvrage en deux petits volumes de M. Amédée Bertin, ancien sous-préfet de Fougères, sous ce titre : *De la Statistique des subsistances et des comices agricoles.*

revêtir, mais si on l'exigeait de moi, voici ce que je soumettrais aux dispensateurs de ces récompenses. Le module serait de la dimension d'une pièce de dix centimes, ou même d'une pièce de cinq francs; sur l'une des faces, elle présenterait l'effigie de l'Empereur, et en légende, sur le contour, ces mots : *Napoléon III, protecteur de l'agriculture;* sur l'autre face, ceux-ci : *Prix d'agriculture,* et au bas les prénoms et nom de celui qui en serait décoré. Au milieu du revers ou de la seconde face, on pourrait placer une gerbe de froment ou une charrue.

De pareilles médailles pourraient être distribuées, mais avec beaucoup de mesure, je veux dire à quelques-uns seulement des fermiers ou des petits propriétaires qui auraient mis en pratique les meilleures méthodes culturales. Ce serait là un grand stimulant pour eux, et le bon exemple qu'ils recevraient des propriétaires riches et plus instruits qu'eux en serait un second non moins efficace, comme je l'ai déjà dit plusieurs fois peut-être, pour l'élevage des bestiaux, leur engraissement, ou pour les croisements d'espèces. Quant aux propriétaires ayant plus que de l'aisance et éclairés par une bonne éducation, ou même par de longues études, on ne leur accorderait que des mentions honorables consignées dans les comptes rendus des séances des sociétés d'agriculture, des comices ou des commissions des concours et des expositions, dont des extraits certifiés leur seraient délivrés sur leur demande, et mieux d'office par les présidents de ces associations et commissions.

Les serviteurs des agriculteurs, fermiers ou autres, s'instruiraient sous la direction de leurs maîtres ou patrons, et on continuerait de donner des prix en argent ou en médailles à ceux qui se seraient fait distinguer par de longs services, par leur activité et par leur probité. Les médailles ne seraient accordées que comme prix d'honneur à ceux qui déjà en auraient reçu en argent.

Après les questions relatives à l'enseignement agricole, M. le Préfet a posé celle-ci, qui appartient, ce me semble, à un autre ordre d'idées : les diverses variétés de grains cultivées dans l'Ille-et-Vilaine sont-elles les meilleures et les plus avantageuses?

Pour traiter cette question, il faudrait entrer dans une foule de distinctions et se jeter dans de longues dissertations. Je me bornerai à quelques observations générales. Les sols sont bien différents, je ne dirai pas seulement dans les mêmes communes, mais dans les mêmes sections ou *quartiers* d'une commune; quelquefois on remarque deux natures de sol dans une même pièce de terre de peu d'étendue. Or, le sol qui convient à une variété de grain peut ne pas convenir à une autre dont la supériorité serait reconnue. C'est au cultivateur intelligent et instruit qu'il appartient d'en faire un bon choix après analyse du terrain auquel il veut confier la semence, et plus sûrement peut-être en expérimentant, par des essais faits sur une petite échelle, les variétés qu'il désire introduire dans le pays. Au reste, les grains de toute espèce acquièrent beaucoup de qualité par la bonne culture et une *fumure* suffisante. Dans les terres bien soignées, bien traitées, la pellicule du froment, par exemple, est plus mince, plus fine, et le grain rend plus de farine que celui recueilli sur une terre négligée, mal travaillée, mal fumée et envahie par de mauvaises herbes. Les froments barbus et *mousses*, cultivés depuis longtemps dans la plus grande partie des départements de la Bretagne, sont de bonne qualité, et la farine de l'une et l'autre de ces variétés, mélangée dans une certaine proportion connue de nos boulangers, en rendant plus facile la manipulation de la pâte, donne d'excellent pain. D'autres variétés ont été importées dans le pays, s'y sont propagées, et on en a obtenu de bons produits. Il est utile, et c'est là une vérité de fait constatée par l'expérience, de changer ses semences tous les trois ou quatre ans pour prévenir la dégénération. Celui qui cultive des terres humides, fortes et froides, choisira les grains recueillis dans des terres arides et sablonneuses, et réciproquement. Pour prouver qu'il est indispensable d'étudier son sol et de ne lui demander que les grains auxquels il convient, je pourrais citer un fermier des environs de Dinan (Côtes-du-Nord), qui s'est ruiné en s'opiniâtrant, malgré toutes les représentations qu'on lui faisait et contre l'évidence de ses premiers essais, à semer uniquement du *froment blanc* (excellente qualité de froment empruntée, je crois, à l'Espagne) dans des terres *fades*, friables et sans énergie. Je termine sur la question ci-dessus posée, en répétant qu'il faut expérimenter plusieurs fois ou par une succession d'essais les variétés nouvelles de grains qu'on veut introduire et propager dans une région quelconque.

§ VI.

BATIMENTS RURAUX.

« Quelles sont les améliorations à introduire dans l'installation des bâtiments des exploitations rurales?

« Quels sont les plans et devis que les agriculteurs devraient adopter de préférence?

« Quels seraient les moyens de remédier à l'imperfection des logements des animaux et à l'insalubrité des habitations et des abords des exploitations rurales?

« Les causes d'insalubrité qui existent dans les fermes ou aux abords des exploitations rurales sont-elles toujours le résultat de la négligence du fermier ou du propriétaire? »

Les bâtiments de nos fermes sont défectueux au plus haut degré pour l'habitation du personnel comme pour le logement du bétail. Dans la brochure que j'ai fait imprimer sous le titre de *Notions d'agriculture à l'usage plus particulièrement des petits propriétaires et fermiers des départements de la Bretagne*, et dans un mémoire adressé à la section de législation du Conseil d'État relativement au projet de code rural, j'ai exprimé le vœu que par les soins du gouvernement, des modèles de constructions rurales fussent transmis aux sociétés d'agriculture et aux comices, qui les communiqueraient aux propriétaires disposés à en faire l'application ou à les faire exécuter. Il s'en présentera bien peu qui veuillent transformer, sans une nécessité impérieuse, les édifices de leurs exploitations rurales, mais beaucoup pourraient les modifier. La première chose ou la première amélioration à opérer, serait d'aérer et d'assainir par là les bâtiments servant à l'habitation et ceux où on loge le bétail, et d'entretenir dans les uns et les autres une grande propreté, deux des principales règles d'hygiène à observer pour les animaux, de même que pour les hommes.

Voici le plan que je proposerais aux propriétaires pour

les bâtiments d'exploitations rurales nouvelles, ou les bâtiments d'anciennes exploitations qu'ils seraient forcés de reconstruire, bâtiments dont les dimensions seraient mises en rapport avec l'étendue et les revenus des fermes.

Au fond de la cour et à l'exposition du Midi ou de l'Est, suivant les circonstances de lieux, la maison d'habitation, composée d'une ou deux pièces. À l'une des extrémités, un cellier et un pressoir avec porte de communication; à l'autre extrémité, une buanderie servant de fournil et four, le tout formant un seul corps de bâtiment, et au-dessus greniers pour grains. La pièce servant à l'habitation, ou la principale s'il y en avait deux, aurait une porte au Nord ou à l'Ouest, suivant l'exposition qu'on aurait adoptée, et il en serait de même pour le pressoir et pour la buanderie. Derrière le pressoir, il y aurait un emplacement où les pommes à cidre seraient déposées, et derrière la maison d'habitation et la buanderie, sous des hangars ou en plein air, on mettrait le bois à feu pour le ménage et pour le four. À droite et à gauche de la cour et séparés par un espace de dix à douze mètres, pour prévenir la communication du feu en cas d'incendie, on établirait d'un côté l'écurie, et attenante à l'écurie, une petite pièce où on serrerait les harnais, et au-dessus de laquelle coucheraient les garçons de la ferme; de l'autre côté, les étables à vaches, les refuges à porcs et la bergerie. Au bout de la cour et à une distance convenable de tous les autres bâtiments, serait la grange. Des murs de clôture, dans lesquels seraient au besoin pratiquées des portes, fermeraient les espaces ménagés entre le principal corps de bâtiment, les écuries, les étables, etc. Deux portes en face l'une de l'autre desserviraient l'écurie et les étables à vaches, destinées, la première pour l'entrée et la sortie du bétail, la seconde pour l'extraction des fumiers, qui seraient placés derrière les bâtiments, et qu'on garantirait contre l'ardeur du soleil par des arbres au pied desquels pourraient être attachés les chevaux quand on les étrillerait et brosserait, ce qu'il serait bon de faire même pour l'espèce bovine. Voilà un plan général que chacun pourrait modifier à son gré.

J'ai omis de dire que l'écurie et les étables seraient rendues salubres par des ouvertures ou jours intelligemment ménagés, et toujours placés au-dessus de la tête des bestiaux. Les fourrages d'hiver et pailles pour les litières seraient mis en amas à portée des écuries et étables, et pourtant à des distances sagement calculées pour éviter la communication du feu au cas de sinistre par incendie.

Ne logeant pas les fourrages et les grosses pailles, on pourrait, pour plus d'économie, construire les écuries et étables en forme d'apentis, et même de simples hangars ouverts comme en Allemagne, pour les bestiaux de l'espèce bovine, qui n'étant pas employés, à l'exception des bœufs, à aucun travail de nature à les échauffer, ne sont pas exposés à des refroidissements subits.

§ VII.

DES CULTURES DIVERSES.

« A la faveur de quelles combinaisons les comices pourraient-ils exercer une influence utile sur l'extension et l'amélioration des diverses cultures nécessaires pour la nourriture de l'agriculteur et des animaux?

« Quelles sont les variétés de grains qu'il serait utile d'introduire dans le pays?

« Les méthodes culturales mises en pratique dans le département sont-elles sans reproches?

« Sous le rapport de l'économie des semences, de même que sous celui du rendement, y a-t-il avantage à recommander la culture en lignes?

« Tous les agriculteurs peuvent-ils avoir recours à cette méthode culturale?

« Serait-il nécessaire de publier quelques instructions à ce sujet?

« Des prix spéciaux pour les bons assolements seraient-ils utiles?

« Par quels moyens peut-on parvenir à déterminer les cultivateurs à suivre le meilleur assolement possible?

« La question des assolements est-elle suffisamment comprise par les agriculteurs du département?

« L'étendue des diverses cultures fourragères est-elle en rapport avec les besoins du département?

« Ne serait-il pas nécessaire de provoquer l'introduction de plantes fourragères plus productives et plus utiles?

« Apporte-t-on assez de soins aux cultures des racines et plantes fourragères?

« Les fermiers distribuent-ils convenablement les fourrages à leurs animaux?

« Quelles précautions doivent-ils prendre?

« Dans quelles proportions doit-on créer des prairies artificielles?

« La nourriture d'hiver étant reconnue insuffisante pour l'espèce bovine, quels sont les moyens à employer pour que les cultivateurs puissent disposer d'une quantité assez considérable?

« Les substances alimentaires destinées à être consom-
mées pendant l'hiver sont-elles logées dans des lieux conve-
nables?

« Doit-on encourager la culture de certaines plantes industrielles?

« Le commerce des engrais est-il convenablement réglementé? »

Les trois premières questions de ce paragraphe me
ramènent sur des sujets auxquels j'ai déjà touché en
m'occupant des autres parties du programme de M. le
Préfet. C'est surtout par l'exemple, ainsi que je l'ai dit,
qu'on peut exercer quelque influence sur l'esprit de nos
laboureurs bretons et les déterminer à étendre et à perfectionner les diverses cultures nécessaires pour augmenter la production des substances propres à l'alimentation
des hommes et des animaux. Ils resteront dans leurs
habitudes aussi longtemps qu'il ne leur sera pas bien
démontré qu'ils doivent les abandonner. C'est donc aùx
cultivateurs instruits et aux directeurs des fermes modèles à faire des essais suivis de succès, et à les convaincre ainsi de la supériorité des nouvelles méthodes
culturales; mais il faut surtout s'appliquer à leur rendre
un compte fidèle des dépenses et des recettes, afin de
bien constater les avantages et profits qu'elles assurent à
celui qui les pratique avec intelligence, avec persévérance
et avec tous les soins de détail qu'elles comportent et
même qu'elles exigent. On doit sentir que nos fermiers
et petits propriétaires ne peuvent courir les chances dé-
favorables auxquelles on est souvent exposé quand on
s'écarte des anciens sentiers suivis par nos devanciers,
pour entrer dans des voies nouvelles qui sont encore peu

connues. Déjà on peut reconnaître que la culture des plantes et racines fourragères a pris dans nos campagnes un grand développement depuis un demi-siècle. J'ai été témoin, dans une partie du moins du département des Côtes-du-Nord, de l'introduction de la culture du grand trèfle rouge, ou trémaine, dans le langage de nos paysans, et de celle de la pomme de terre, qui ont maintenant une place si importante parmi les végétaux servant à l'alimentation du bétail, et même de la population. Il est bien regrettable que nos plus savants agronomes n'aient point jusqu'à présent trouvé un remède à la contagion qui infecte les précieux tubercules de la pomme de terre, et qui, sans nous en priver entièrement, diminue considérablement les produits de cette plante ou de cette solanée. C'est aussi par des essais répétés et heureux qu'on parviendra à propager, si cela est utile, de nouvelles variétés de grains, et en s'attachant à bien distinguer le sol et les engrais qui conviennent à chacune d'elles. Les méthodes culturales mises en pratique dans le département de l'Ille-et-Vilaine ne sont certainement pas irréprochables, mais on ne peut les améliorer ou les modifier instantanément. On n'atteindra ce but que graduellement et peut-être lentement, et cela par les raisons que j'ai exposées plus haut. L'adoption de l'ensemencement en ligne, dont je ne nie aucun des avantages, est soumise aux mêmes conditions et n'entrera que par degrés dans les habitudes de nos cultivateurs paysans. Pour faire usage de ce mode d'ensemencement, ils devront s'appliquer à bien ameublir les terres, à les bien purger de toutes les plantes nuisibles et à conduire en ligne droite les planches ou billons (sillons en dos). On arrivera là par la culture en grand des plantes sarclées. Les meilleures révolutions, en agriculture comme en politique, sont celles qui s'opèrent successivement et sans précipitation. C'est un principe qu'il ne faut pas perdre de vue. Je regarde comme indispensable de publier sur la pratique de l'ensemencement en lignes des instructions brèves et parfaitement claires, à la portée des hommes d'une intelligence ordinaire. Pour amener nos cultivateurs peu éclairés à pratiquer les meilleurs assolements, on doit d'abord leur en bien faire comprendre les avantages, et ensuite accorder des prix à ceux qui les auraient le mieux appliqués à leurs exploitations, car je n'admets pas qu'un même assolement puisse convenir à toutes les terres, non plus qu'à toutes les positions où se trouvent les agriculteurs. Il y aurait donc nécessité dans les instructions de présenter divers assolements, parmi lesquels chaque cultivateur ferait choix de celui qui, sous les deux rapports que je viens d'indiquer, serait propre à lui procurer les plus grands avantages ou profits, résultats qu'on doit toujours s'efforcer d'obtenir. De ce qui précède, on peut conclure que dans mon opinion la question des assolements n'est pas suffisamment comprise, qu'elle a besoin d'être encore étudiée afin d'arriver à une bonne solution. Selon les facilités d'écoulement des produits divers, le cultivateur doué de quelque intelligence et soigneux de ses intérêts, qui ordinairement sont aussi ceux de la population, s'attachera plus spécialement à augmenter la quantité des uns ou des autres. En général, les cultures fourragères ne sont pas en Bretagne aussi étendues qu'elles devraient l'être, et il serait assez difficile de fixer la proportion à observer sur chaque exploitation. Il n'y aurait peut-être pas de l'exagération à la porter au cinquième des terres arables; mais je ne saurais trop répéter que les règles absolues en agriculture, comme en toute autre matière, ne sont guère admissibles. Un agriculteur spécule plus particulièrement sur l'élevage du bétail, l'autre sur les céréales, un troisième sur les plantes oléagineuses, etc. Toutes ces considérations ou ces diverses spéculations influent sur la nature des assolements et des cultures. Toutefois, il y a ceci de très-positif, c'est que les engrais sont toujours utiles, et que pour en avoir beaucoup, les fourrages de toute espèce sont indispensables, et il en faut pour toutes les saisons de l'année. Les plantes sarclées, les racines, sont surtout trop négligées encore dans les départements de la Bretagne et leur culture trop peu soignée. Je ne sais si on pourrait y introduire des plantes fourragères plus productives et plus utiles, et je m'abstiens d'en désigner; mais je regrette que nos cultivateurs ne sèment pas plus de vesces d'automne ou de printemps, avec mélange de seigle ou d'avoine dans les premières, et d'avoine seulement dans les secondes. Cette plante est d'autant plus précieuse, qu'aimée de tout le bétail elle réussit dans presque tous les sols, et qu'elle peut être consommée par lui en vert ou desséchée. Je me suis expliqué précédemment sur la manière de traiter les bestiaux retenus à l'étable : j'ai dit qu'il valait mieux multiplier les rations que d'en donner de trop fortes, et prendre en considération la force de chaque animal et son appétit. Les fourrages secs devraient toujours être bottelés et pesés. La quantité de racines doit aussi être fixée, au moins approximativement, par tête de bétail. L'usage des râteliers et des mangeoires ne saurait être trop recommandé pour la plus grande économie des fourrages de toute nature. Quand nos fermiers feront plus de prairies artificielles et cultiveront plus de racines, la nourriture de l'espèce bovine pendant l'hiver sera non-seulement suffisante, mais abondante. Jusqu'à présent, nos paysans ont donné trop peu de soins et de bonne nourriture à ce bétail. Le prix auquel le beurre s'est élevé sera sans doute le meilleur stimulant pour les porter à changer leurs habitudes à cet égard et à sortir de leur apathie. On loge souvent les fourrages d'hiver dans des greniers au-dessus des écuries et des étables; c'est un très-mauvais usage, car leur qualité est altérée par les exhalaisons ou les émanations provenant du séjour du bétail au-dessous de ces greniers. Comme je l'ai déjà dit, les fourrages doivent être laissés dehors et mis en amas de forme pyramidale ou longitudinale, avec toutes les précautions énumérées dans mes *Notions d'Agriculture*, auxquelles je renvoie.

Le commerce des engrais pourrait être plus convenablement réglementé, mais c'est une tâche bien difficile que celle de prévenir les falsifications auxquelles des marchands se livrent pour accroître leurs bénéfices. L'administration n'a point, jusqu'à présent, trouvé les moyens de remédier à cet abus. De fortes amendes, des dommages-intérêts largement accordés par les tribunaux et les Cours impériales à ceux qui en ont été victimes, seraient les plus puissants moyens d'y mettre un terme.

Quant à la culture de certaines plantes industrielles, on ne saurait trop l'encourager par des primes, des médailles, des décorations, en un mot, par tout ce qui peut agir avec le plus d'efficacité sur l'homme, l'intérêt, l'orgueil, l'ambition qui, quand ils sont dirigés et poussés vers le bien public, deviennent des vertus. Oui, il faut exciter, surexciter même l'activité, le zèle et les facultés de nos cultivateurs pour qu'ils donnent au pays ce que ses besoins réclament en plantes oléagineuses, tinctoriales et textiles. C'est principalement la culture du chanvre et du lin qu'on doit s'attacher à faire prospérer et étendre. Produisons autant que possible les substances qui peuvent nous mettre à même de nous passer de celles que nous fournissent les pays étrangers. Amoindrissons l'emploi du coton en augmentant nos produits en laine et en fil de lin; et alors, qu'aurons-nous à envier aux autres peuples? N'aurons-nous pas tout ce qu'il faut pour satisfaire aux besoins les plus impérieux de l'homme, les subsistances et les vêtements? Qu'on insiste par-dessus tout pour accroître la production linière si négligée jusqu'ici. Mais je voudrais qu'on pût trouver, inventer un mode ou procédé de rouissage autre que celui pratiqué maintenant et qui infecte nos eaux, empoisonne le poisson de nos rivières, de nos ruisseaux, et compromet la santé des bestiaux et des hommes. C'est au Gouvernement de promettre à l'inventeur d'un nouveau mode de rouissage une récompense en rapport avec le service qu'il rendrait à la société.

J'ai oublié, parmi les cultures industrielles du département d'Ille-et-Vilaine, celle du tabac, concentrée dans l'arrondissement de Saint-Malo. Elle mérite des encouragements. Elle procure des bénéfices aux producteurs, et surtout à l'Etat. Les soins et les engrais qu'exige cette plante ont fait progresser l'agriculture. Ne pourrait-on pas lui donner plus d'extension?

J'écrivais ces lignes lorsque les journaux m'ont annoncé la découverte de l'ailantine, soie d'une qualité inférieure que l'on doit au ver Cynthia, acclimaté en France par M. Guérin-Meneville. Cette soie peut remplacer la laine, et nous donner des tissus plus fins que ceux obtenus avec la dernière de ces matières. Elle fournira des étoffes pour vêtements d'hommes et de femmes, remplacera la bourre de soie et se substituera au coton, qu'elle surpasse en souplesse et en finesse. Le ver Cynthia peut être élevé en plein air et se nourrit des feuilles de l'ailante, qui croît dans nos terres les plus médiocres en qualité. Si tout cela est vrai, c'est tout une révolution, et des plus heureuses pour la France. (Voir l'article inséré au journal la *Patrie* du 18 juin 1860, signé Lefèvre.) Déjà on a fait sur plusieurs points de l'Empire des plantations d'ailante pour se livrer en grand à l'éducation du *bombix* ou ver Cynthia. La fabrication en France va donc être, sous peu d'années, enrichie d'une matière première bien précieuse pour les usages très-variés auxquels on peut l'appliquer.

§ VIII.

DÉFRICHEMENT DES LANDES.

« Quels sont les moyens reconnus les plus avantageux pour mettre les landes en culture?

« Quelle est, en moyenne, par hectare, la dépense de la mise en valeur des landes du département?

« Quelles sont les cultures qui réussissent le mieux au commencement du défrichement des landes dans le département?

« Existe-t-il des landes qui ne puissent pas être mises en culture?

« Quel serait le meilleur moyen pour les boiser?

« Y aurait-il avantage à vendre immédiatement par parcelles les landes ou terrains communaux?

« Quelles seraient les conditions à imposer aux acheteurs, afin que ces terres deviennent productives?

« Dans le cas où on ne trouverait pas à vendre certaines landes, parce qu'elles ne seraient pas de bonne nature, comment les communes pourraient-elles les planter?

« Au lieu de vendre les landes, les communes seraient-elles intéressées à provoquer la formation d'associations et à les mettre elles-mêmes en culture? »

Il est de la plus haute importance pour la société tout entière, c'est-à-dire pour toute la France, que les landes et autres terres incultes des départements de la Bretagne, dont l'étendue est si grande et dont l'aspect est si affligeant, soient défrichées et rendues productives.

Ces landes et terres incultes forment trois catégories ou y peuvent être ramenées. Les unes appartiennent à l'État, les autres aux communes, et enfin le surplus à des particuliers.

L'État est parfaitement libre de faire défricher les siennes comme il l'entendra.

Celles des communes, soumises le plus souvent au régime de la compascuité, et quelquefois à des droits conférés par les anciens seigneurs aux habitants ou seulement à quelques-uns d'eux, ne sauraient être aussi facilement rendues productives; mais toutes les résistances et tous les obstacles peuvent être surmontés.

Quant aux landes et terres incultes de la troisième catégorie, il faudrait exciter et encourager les propriétaires à les mettre en valeur, et dans le cas très-probable où ce moyen demeurerait inefficace pour une grande partie de ces terres, on devrait recourir à des mesures législatives.

Il est peu de landes en Bretagne qui ne puissent être défrichées et converties en terres arables, ou bien être plantées. Je range dans cette classe toutes celles dont le sol a de la profondeur, ne fût-elle que de 10 à 12 centimètres. Je reconnais qu'il y en a qui ne sont susceptibles d'aucune amélioration, dont on ne peut obtenir aucun produit, celles sur lesquelles il ne croît que des *cryptogames* ou mousses de l'espèce des lichens, le plus souvent, et dont la surface comme le fond ne présentent qu'une masse granitique ou schisteuse.

Autrefois, de grandes entreprises de défrichement de landes, formées sur divers points des départements bretons, n'amenèrent aucun bon résultat et durent être abandonnées, d'où quelques personnes concluent que de pareilles opérations sont ruineuses, et que celles auxquelles on se livrerait de nos jours auraient le même sort que les anciennes. C'est là une erreur déjà démontrée par de récents et incontestables succès obtenus en ce genre de travaux, par des cultivateurs intelligents et persévérants. Les temps sont bien changés; ce qui était difficile et même impossible pour nos aïeux a cessé de l'être pour leurs arrière-petits-enfants ou arrière-petits-neveux. Que de choses merveilleuses nous avons vu s'accomplir depuis moins d'un demi-siècle! Avec une volonté ferme et des combinaisons sagement conçues, on triomphera de toutes les difficultés, de quelque nature qu'elles soient. Nous possédons de nombreux amendements tirés de pays étrangers ou puisés dans notre propre sol, dont nos devanciers étaient privés. Nous avons aussi des instruments aratoires multipliés, nouvellement inventés, qui exécutent avec une grande économie de temps les plus rudes travaux de l'agriculture. Indépendamment de la chaux dont les effets sont si avantageux quand on en n'abuse pas, on a découvert en divers lieux de notre vaste territoire des gisements abondants de sablons calcaires propres à fertiliser nos landes. Qu'on nous donne des voies de communication commodes, chemins et canaux, pour que l'on puisse effectuer, aussi facilement que promptement, le transport de tous ces éléments de production, et alors nos landes et nos terres incultes de toute espèce se défricheront comme par enchantement.

Je ne m'occuperai pas de celles qui appartiennent à l'Etat, parce qu'il ne peut y avoir pour lui d'entraves à l'exécution de ses projets, à la direction qu'il convient de donner à ses travaux pour en opérer la transformation en terres arables, en prairies, en bois taillis ou de futaies de toutes essences. L'impulsion et les bons exemples doivent venir de lui. Sa Majesté l'Empereur l'a bien compris, et déjà il a créé, sur deux points de notre territoire, de grandes exploitations qui deviendront des modèles sans doute, pour les personnes ou les compagnies disposées à entreprendre des défrichements dans les mêmes contrées. Une princesse de la famille Impériale, la princesse Baciocchi, a établi dans le département du Morbihan, sur une vaste étendue de landes, une semblable exploitation dans l'espoir d'y propager les bonnes méthodes culturales et de stimuler le zèle des propriétaires de terres de même nature. On ne saurait trop applaudir à des actes

inspirés par un noble et ardent amour du bien public,
des populations, aux premiers besoins desquelles il faut
pourvoir avant tout.

Les landes et terres incultes de la seconde catégorie,
celles appartenant aux communes, peuvent donner lieu à
des résistances de la part des riverains, et surtout des
riverains dans un état approchant de la pauvreté, habitués
à conduire sur ces terres, le plus souvent, une seule
vache, dont le lait et le beurre alimentent en partie la
famille, et qui procure des engrais pour la culture d'un
petit jardin ou courtil fournissant à son tour des légumes
verts ou secs pour la bonne et pour la mauvaise saison.
Ces pauvres gens sont bien dignes d'intérêt et mérite-
raient qu'on leur fît une part des terres vaines et vagues
de la commune. Quoi qu'il en soit, je penche pour le défrichement complet de ces terres. Les vaches des riverains pauvres sont souvent nourries aux dépens des
fermes de leur voisinage, et auxquelles elles causent d'assez grands dommages. D'un autre côté, le défrichement
procurerait du travail à la partie pauvre de la population,
et en augmentant les productions, ajouterait de nouveaux
éléments de subsistance à ceux qu'elle possède déjà.
L'aisance répandue dans la contrée par la mise en valeur
des terres actuellement incultes, s'étendrait sur toutes
les classes des habitants. On devra donc ne pas s'arrêter
devant la première difficulté que je viens de signaler, et
au contraire, vaincre la résistance des opposants. J'ai
été témoin d'aliénations de landes étendues sur lesquelles
la dépaissance s'exerçait au profit des habitants riverains,
et dont le défrichement a été opéré très-pacifiquement
par les acquéreurs.

Il est une autre difficulté ou un autre obstacle au défrichement des landes, ou mieux des terres vaines et vagues restées telles depuis un temps immémorial, ce sont les inféodations accordées par les anciens seigneurs à leurs vassaux, du droit de *communer*, c'est-à-dire d'y faire paître les bestiaux et de s'en approprier les autres produits spontanés, même quelquefois d'y *motoyer*, enlever des gazons, inféodations que l'art. 10 de la loi du 28 août 1792 a converties en droit de propriété au profit des vassaux à même de produire des titres ou de justifier de ces inféodations, et en possession de leur droit à la même époque. Cette loi a enfanté dans le ressort de la Cour Impériale de Rennes une foule de procès dont la source n'est malheureusement point encore tout à fait tarie, mais auxquels il importe de mettre un terme. La jurisprudence à cet égard est aujourd'hui bien fixée, et il serait inutile de la reproduire ici. Ce travail a été accompli tout récemment par M. Poulizac, avocat-général à la même Cour, et je ne puis mieux faire que d'engager ceux qui désireraient la connaître, à prendre lecture de la brochure que ce magistrat a fait imprimer et même publier, je crois. Mon but à moi, celui vers lequel tendent mes faibles efforts, c'est de lever l'obstacle que font naître les prétentions des vassaux inféodés, et pour cela il ne s'agit, ainsi qu'on en a fait la proposition au gouvernement, que d'impartir à ces anciens vassaux, ou mieux à leurs représentants, un délai dans lequel ils seraient, sous peine de déchéance, tenus d'établir et de faire constater leurs droits juridiquement.

En ce qui concerne les landes et autres terres incultes qui sont dans le domaine privé ou possédées par des particuliers, on devrait procéder d'abord par des stimulants, des encouragements, en accordant des immunités ou exemptions d'imposition foncière pendant un temps plus ou moins long, et des médailles d'honneur à tout propriétaire qui aurait fait défricher une quantité déterminée d'hectares de ces terres dans la même année, soit qu'elles eussent été rendues à la culture des céréales, soit qu'elles eussent été converties en prairies ou plantées, c'est-à-dire mises en valeur suivant que leur nature, leur exposition, leur situation et les débouchés des produits le comportaient. Le fermier ou autre agent qui aurait fait exécuter les travaux, recevrait aussi une récompense en argent ou bien une médaille à son choix. Il est bien entendu que les terres à défricher continueraient, pendant et après leur transformation, à rester imposées comme elles le sont dans l'état présent, mais sans augmentation jusqu'à l'expiration du terme de faveur. Si les encouragements qu'on vient d'exposer ne pouvaient produire les effets qu'on serait fondé à en espérer, on appliquerait aux landes et terres incultes la nouvelle législation que l'on prépare pour le dessèchement des marais. (1) Le motif de salubrité n'existerait pas pour les terres incultes, mais les raisons d'utilité publique, et au plus haut degré, ne feraient pas défaut. Y a-t-il rien, en effet, de plus avantageux et de plus important pour une nation qui compte trente-six millions d'habitants, que d'accroître considérablement les substances alimentaires

---

(1) Lorsque j'ai écrit ces observations, on n'avait pas encore voté la loi du 16 juillet 1860 relative à la mise en valeur des marais et *terres incultes*, appartenant aux communes et sections des communes.

végétales ou animales? Quel nom ou quelle qualification ne pourrait-on pas infliger à un riche propriétaire d'immeubles ruraux qui s'obstinerait à les laisser dans un état complet de non production ou de stérilité? Il y a là trop d'évidence pour insister sur la question dont il s'agit, celle de savoir si le gouvernement serait autorisé à faire prononcer l'expropriation pour cause d'utilité publique.

J'arrive au mode qu'on devrait adopter pour opérer le défrichement des landes et autres terres incultes dans les départements de la Bretagne, et qui ne saurait être le même pour toutes, parce qu'elles diffèrent de nature et de situation. Le général de Lourmel, enlevé si prématurément, mais si glorieusement, à la brillante carrière qu'il était appelé à parcourir, avait fait imprimer, en 1853, une brochure fort remarquable sous ce titre : *Mise en valeur des landes de Bretagne par le défrichement et par l'ensemencement en bois.* On trouve dans cette brochure de bons enseignements, de saines et judicieuses appréciations; elle mérite d'être recommandée à tous les agriculteurs qui voudront entreprendre des défrichements. Le jeune général si regretté de ses compatriotes, les Bretons, et qui l'a été de la France tout entière, avait donné des aperçus sur les procédés à employer, ainsi que sur la dépense à faire par hectare pour convertir les landes en terres arables ou en bois taillis et de futaie. Il reconnaissait avec une grande modestie, page 28, qu'il avait été guidé en cela par les notes que lui avaient remises plusieurs de ses concitoyens qui, en ce genre de travaux, avaient obtenu de véritables succès, et je puis attester, pour les avoir vus, les beaux résultats des défrichements opérés par l'un d'eux, M. Haugoumar, de Lamballe.

Je crois que les défrichements d'étendues considérables de landes ne pourront être entrepris que par des Compagnies, soit qu'elles les accomplissent avec leurs propres fonds, soit qu'elles fassent un appel aux capitalistes qui deviendraient actionnaires. En admettant qu'on travaille sur une grande échelle, ne fût-ce même que sur 40 à 50 hectares, il faut : 1° commencer par choisir un bon emplacement pour les bâtiments ; 2° faire des divisions de manière à rendre facile l'écoulement des eaux si le terrain est humide, et à pouvoir les répandre sur les parties destinées à être transformées en prairies ; 3° ménager sur divers points des réservoirs, les uns pour l'abreuvage du bétail, les autres pour le rouissage du chanvre et du lin, en les disposant de telle sorte que les eaux de ces derniers n'entrent pas dans les premiers et soient versées dans des lieux que les animaux ne fréquenteraient pas. Quand on opèrerait sur une étendue de landes où on aurait à craindre la violence des vents, on formerait des abris en élevant des talus de deux mètres de base, d'un mètre cinquante centimètres de hauteur, ayant au sommet une surface d'un mètre au moins, sur laquelle on sèmerait des graines de pin maritime ou de toute autre espèce d'arbres verts appropriés au sol, afin d'établir des rideaux qui protègeraient les céréales, les plantes fourragères et les cultures de toute nature, même les semis d'arbres ou d'arbustes. La principale difficulté, c'est la nécessité, dans les deux premières années, de se procurer des fourrages. Si les landes sont couvertes de bruyères et d'ajoncs, ou autres her-

bages et arbustes, on les coupe et on les fait sécher. Au
mois d'octobre ou en novembre, on laboure les parties
les plus propres à la production de fourrages et de céréales, ayant soin de bien clore les guérets ; on brise les
mottes des terres qu'on veut ensemencer immédiatement
en vesces mêlées de seigle pour avoir des fourrages verts
au printemps suivant, et avant de semer on brûle sur les
planches, après avoir cassé et divisé les *billons*, les
bruyères et ajoncs desséchés, ce qui donne un engrais
suffisant pour cette première culture. Les autres terres
labourées à la même époque, et aussi ameublies à la surface, afin qu'elles subissent mieux les influences atmo-
sphériques et qu'elles se saturent des sels que ces influences, les pluies et la neige, y déposent. Tous les labours dont je viens de parler doivent être faits à une
profondeur de douze à quinze centimètres au plus, car
mon avis est qu'il faut, pendant les trois premières années, retirer de la couche végétale tous les produits
qu'elle peut donner. Après ce laps de temps, on procède
à des labours plus profonds avec les charrues ordinaires,
et plus tard avec des défonceuses ; enfin, on fait usage
des fouilleuses partout où le sol le permet. Au printemps,
on remanie les guérets faits avant l'hiver, et au mois de
juin, du 15 au 24, et même jusqu'à la fin de ce mois,
on sème du sarrasin, qui réussit bien sur les défrichements de nos landes. Avant l'ensemencement, on brûle
sur les planches les bruyères, ajoncs et herbages qu'on
avait fait sécher, en suppléant à la cendre qui en provient par le noir animal ou le guano, sorte d'engrais
parfaitement convenable pour cette céréale. On ne saurait, au début des défrichements, ensemencer une trop

grande quantité de terre en sarrasin, attendu que la tige et les feuilles de cette plante grasse, enfouies avant qu'elle entre en fleurs, est un très-bon engrais et dispose les terres, sans le secours d'aucun autre, à recevoir des froments, des seigles, des vesces, des navets, panais, carottes, etc.

J'ai dit ailleurs que le système de l'*écobuage* avait été justement proscrit, et pourtant je ne l'exclus pas entièrement quand on se borne à enlever la croûte toute superficielle du sol des landes. Il se pratique alors avec succès pour le sarrasin comme pour les semis de bois de toute essence, semis auxquels la première année on mêle le seigle, comme le dit le général de Lourmel, et comme l'ont fait depuis longtemps beaucoup d'agriculteurs.

Il ne faut pas s'imaginer qu'on puisse, même dans des sols humides et favorablement situés, improviser des prairies. Des labours répétés et des engrais ou amendements sont indispensables, et on doit y amener les eaux qui s'écoulent des terres labourées et ensemencées, car ces eaux entraînent toujours des éléments de fertilisation.

Les compagnies ou même les propriétaires qui entreprendraient de grands défrichements pourraient être secondés par le gouvernement, et ce serait leur venir bien en aide s'il faisait camper sur les lieux, ne fût-ce que pendant la belle saison, des troupes, surtout de la cavalerie. Les militaires pourraient, ceux qui le voudraient, prendre part aux travaux d'une manière profitable pour eux et pour l'Etat.

Il est une autre idée que je vais émettre ici. Pourquoi n'établirait-on pas sur nos landes des hospices pour les enfants abandonnés? Le grand air de la campagne leur conviendrait bien et développerait leurs forces physiques, en même temps qu'on leur donnerait un enseignement agricole. L'agriculture a cela d'avantageux, qu'elle fournit du travail pour tous les âges, pour les femmes comme pour les hommes, et même pour les vieillards. Il y aurait lieu, en suivant cette idée, à une organisation de colonies dans le genre de celles proposées par l'Empereur pour arriver à l'extinction du paupérisme.

. Pourquoi encore ne transporterait-on pas au milieu de nos terres incultes, les fermes modèles? La princesse Baciocchi, que je cite avec grand plaisir une seconde fois, ne nous en a-t-elle pas déjà donné l'exemple?

On trouvera peut-être extraordinaire qu'un magistrat en retraite ait eu la pensée de tracer des instructions et de faire la leçon, pour ainsi dire, aux agriculteurs, qui joignent à des connaissances théoriques, toute l'expérience d'une longue pratique. Une telle prétention n'a pu naître dans mon esprit. J'ai voulu communiquer mes idées, révéler mon opinion, mais non les imposer. Mon but a été d'indiquer le procédé le plus simple et le moins dispendieux pour améliorer nos landes, pour les rendre productives et rien de plus.

En énonçant plus haut que les landes de la Bretagne étaient dans cet état depuis un temps immémorial, j'ai commis une erreur d'autant plus étonnante que dans un autre écrit, j'avais appelé l'attention des agronomes sur les vestiges de culture qu'on peut remarquer sur presque toutes. Je m'étais même demandé à quelle époque elles avaient pu être cultivées, si elles l'avaient été simultanément ou successivement. Je m'étais arrêté à cette dernière supposition. Sans doute, avec l'agrément ou l'autorisation des anciens seigneurs, les habitants pauvres défrichaient de temps à autre quelques parcelles de landes par le procédé de l'écobuage, et par lequel on obtenait, sans autre engrais que les cendres de la *croûte* brûlée, deux ou trois récoltes médiocres, sinon bonnes; mais on enlevait trop de terre dans l'opération de l'écobuage, et il en résultait qu'après les produits des deux ou trois premières années, les landes, ainsi défrichées, devenaient stériles pendant longtemps. C'est cet abus ou ce mode défectueux de l'écobuage qui le fit proscrire. Les habitants d'alors en prenaient peu de souci et se livraient au même travail sur une autre parcelle de lande. Il serait bien difficile, ou plutôt il est impossible d'admettre qu'à une autre époque l'agriculture ait été en Bretagne plus florissante qu'elle ne l'est maintenant, mais la population, moins agglomérée dans les villes, était plus répandue dans les campagnes. J'ai entendu dire à quelques personnes que les landes avaient été cultivées sous le règne de Henri IV, dont la mémoire est si populaire en France. C'est là une erreur; ce bon roi et son digne ministre Sully essayèrent de faire opérer le dessèchement des marais du royaume, mais tous leurs efforts et ceux des ingénieurs étrangers chargés de diriger les travaux, échouèrent devant toutes les difficultés, les entraves et résistances de toute espèce qui leur furent suscitées. Louis XIII et Louis XIV ne furent pas plus heureux, et les marais d'Arles furent seuls desséchés. Aujourd'hui les mêmes obstacles ne se rencontreraient pas, ni pour le dessèchement des marais, ni pour le défrichement des landes, et ceux qui se présenteraient seraient surmontés facilement, parce que sous le régime actuel, les intérêts privés, et surtout les intérêts privés mal compris, sont impuissants à lutter contre ce que l'intérêt général commande. Tout ceci peut être considéré comme une digression, un hors-d'œuvre.

Revenant au positif, les plantations qu'on ferait sur les talus formant les divisions des landes et facilitant l'écoulement des eaux, se convertiraient par le temps en valeurs d'un prix assez élevé, qui atténueraient les dépenses des défrichements, dont il est difficile de fixer le chiffre par hectare, car ces dépenses premières, qui peuvent paraître considérables, ont un grand effet sur tous les produits des années subséquentes, et le défricheur qui se montrerait trop parcimonieux au début de ses travaux, se préparerait un triste avenir. En général, la terre rend avec usure les avances qui lui sont faites par un cultivateur actif, intelligent et soigneux. Que les entreprises de défrichements soient bien dirigées, et avec les ressources qu'on a de nos jours le succès ne peut être douteux?

§ IX.

INDUSTRIES RURALES.

« Quelles sont les industries rurales du département?

« Sont-elles avantageuses au point de vue des intérêts des cultivateurs et des progrès agricoles?

« Quels sont les perfectionnements possibles pour les industries déjà créées?

« Existe-t-il des industries rurales qui pourraient être avantageusement introduites dans le département?

« Quels seraient les moyens de les installer dans les campagnes?

« La distillation de la betterave offre-t-elle tous les avantages qu'on a annoncés?

« L'établissement d'une distillerie peut-il être utile pour la nourriture des animaux?

« Contribuerait-il à l'extension de la culture de la betterave?

« La culture des plantes textiles offre-t-elle de grands avantages dans les conditions où on la fait dans le département?

« Quelle est l'utilité de la culture du tabac?

« Quelle est l'utilité de la culture du colza?

« Les abeilles offrent-elles une précieuse ressource lorsqu'elles sont convenablement traitées?

« Quels sont les moyens de multiplier les ruches d'abeilles?

« Quels sont les meilleurs moyens d'augmenter l'importance de l'industrie du beurre? »

Je ne connais pas bien les industries rurales du département de l'Ille-et-Vilaine, et je ne puis citer que la fabrication de grosses toiles pour la marine et pour quelques autres usages; mais cette industrie est déjà bien amoindrie et doit s'évanouir tout à fait devant nos filatures du lin et du chanvre, et la fabrication des toiles par les machines à vapeur. J'ignore aussi quelles sont les industries qu'on pourrait introduire dans nos campagnes, et peut-être n'est-il pas désirable que l'on tente d'y en établir. La fonction principale et naturelle de l'agriculteur est de fournir les matières premières à l'industrie proprement dite, qui les met en œuvre, qui les transforme de mille manières, comme je l'ai dit dans mes notions d'agriculture, pour satisfaire à l'exigence de nos besoins réels les plus impérieux, ainsi qu'à ceux de luxe que nous nous sommes créés. Que chacun reste dans la sphère où il s'est placé, et l'agrandisse par le perfectionnement, le progrès auquel on ne saurait assigner de terme ou un point d'arrêt; c'est, selon moi, ce qu'il y a de mieux dans l'intérêt de la société, c'est-à-dire du producteur et du consommateur, car nous sommes tous dans l'une ou l'autre de ces deux classes. Quoique les distilleries de betteraves puissent être fort avantageuses à notre pays, par la bonne culture qu'exige cette racine, par le marc ou le résidu qu'elle donne pour l'alimentation ou l'engraissement du bétail, je les verrais avec peine prendre place dans nos fermes. Je craindrais trop l'usage immodéré que la plupart de nos cultivateurs feraient de l'alcool ou eau-de-vie qu'ils extrairaient de la betterave. Passe encore s'ils se bornaient à la convertir en sucre, mais il est préférable qu'ils la présentent en nature à leurs bestiaux, et qu'ils achètent le sucre et l'eau-de-vie dont ils peuvent avoir besoin; j'ajoute qu'il y a même profit pour eux à le faire ou à le pratiquer ainsi. En effet, l'installation d'une distillerie exigerait un matériel, des bâtiments de plus, et des travaux qui les détourneraient de ceux de la terre; tout cela d'ailleurs induirait fermiers et propriétaires dans de nouvelles dépenses. La culture du tabac a produit de bons résultats dans les arrondissements où elle a été autorisée, en habituant surtout nos paysans à mieux travailler leurs terres. Je crois qu'elle offrirait moins d'avantages si elle était généralisée, et il ne peut entrer dans les vues du gouvernement de l'étendre beaucoup, attendu que la vente du tabac subirait une grande diminution par suite des fraudes auxquelles on se livrerait, et qui nécessiteraient un plus grand nombre d'employés surveillants. La principale utilité de la culture du colza, c'est le prix qu'on en obtient (1) et qui est supérieur presque toujours à celui des céréales. Comme celle de toutes les plantes sarclées, sa culture purge la terre des mauvaises herbes et la prépare bien à recevoir des céréales, quoiqu'il soit, à cause de ses racines fibreuses, rangé parmi les plantes épuisantes. Je me suis déjà expliqué sur les avantages que présente la culture des plantes textiles, et particulièrement du lin et du chanvre. Le profit que procure la vente des filasses et des graines de ces plantes peut n'être pas bien grand, mais il convient d'en recommander, d'en encourager et protéger la culture, car le linge est de première utilité, et il est fort désirable que les classes pauvres puissent s'en pourvoir à des prix plus réduits que ceux auxquels elles l'achètent et qui dépasse leurs moyens. Il faudrait, en augmentant la production en lin et chanvre, trouver, comme je l'ai déjà dit, un mode de rouissage autre que celui par le séjour dans l'eau.

Je n'ai jamais compris pourquoi nos fermiers et tous les habitants de nos campagnes négligent, comme ils le font, l'éducation des abeilles, qui offre encore de très-bons produits, quoique le prix des miels et de la cire ait bien diminué. L'administration rendrait un véritable service à nos contrées en faisant publier et répandre une instruction abrégée sur la manière de traiter ces insectes si précieux et dont le travail est si admirable, sur le moyen à employer pour s'emparer du fruit de ce travail sans détruire les ingénieuses ouvrières auxquelles il est dû. Il y a peu de pays qui soient plus propices que la Bre-

(1) L'huile de colza est fort employée dans les arts et métiers, pour l'éclairage et autres usages.

tagne à l'éducation des abeilles, parce que le sarrasin qu'on y cultive généralement leur fournit un riche butin. Elles trouvent sur nos buissons et nos landes elles-mêmes, de nombreux éléments pour construire leurs cellules et les remplir de miel en peu de temps. C'est à la multiplicité et à la variété des produits que doivent s'attacher les fermiers pour acquitter facilement les termes de leurs baux. Je ne cesse de le leur dire et je ne puis les en convaincre, et pourtant les débouchés auxquels donnent lieu les chemins de fer devraient les exciter à augmenter par tous les moyens possibles, la quantité et la qualité des productions du sol.

Le beurre est abondant dans le département d'Ille-et-Vilaine, et plus spécialement dans l'arrondissement de Rennes. Sa qualité le fait rechercher, et le commerce de cette denrée a pris depuis quelques années un développement considérable. Indépendamment des soins que sa fabrication exige, on devrait bien établir dans la ville de Rennes un marché couvert pour la vente de ce produit, dont il se fait une si grande exportation. Personne ne peut ignorer qu'il se détériore promptement quand il reste exposé à l'ardeur du soleil. D'un autre côté, on devrait encore, par humanité pour les vendeurs et les acheteurs, hâter la construction d'un pareil marché dont le revenu, en modérant même la taxe à percevoir des producteurs, couvrirait en peu de temps les frais qu'elle aurait occasionnés. L'incurie de la ville à cet égard fait l'étonnement général et ne se comprend pas.

Pour augmenter la production du beurre, il faut bien nourrir et bien soigner ou traiter les vaches, et je renvoie à ce que j'ai dit plus haut, § 2. Il serait à désirer, ce serait même une nécessité, que dans chaque ferme de quelque importance il y eût une laiterie bien aménagée; que nos paysans se pourvussent de bons ustensiles, de barattes bien confectionnées. Je crois que le nombre des vaches n'est pas ce qu'il pourrait être sur chaque exploitation rurale. Voilà ce qui peut contribuer à donner plus d'importance à l'industrie du beurre en quantité et en qualité, dans le département de l'Ille-et-Vilaine.

§ X.

CONCOURS DE LABOURAGE.

« Quelles doivent être les conditions des concours de labourage?

« Suivant le nombre de chevaux ou de bœufs dans les terres ordinaires, est-il possible de préciser quelle devra être la profondeur des labours?

« Y a-t-il avantage à engager les cultivateurs à avoir de plus forts bœufs ou de plus forts chevaux, afin de réduire le nombre des bêtes attelées?

« Devrait-on limiter à deux têtes, le nombre des bêtes attelées dans les concours de labourage?

« Deux animaux du pays sont-ils assez forts pour faire un bon labour?

« Est-il préférable de les atteler au nombre de quatre?

« L'attelage mixte de deux bœufs et d'un cheval, ou de quatre bœufs et d'un cheval, doit-il être approuvé?

« Si un semblable attelage fatigue les animaux en pure perte, n'y aurait-il pas lieu de l'exclure des concours?

« Quels sont les animaux que l'on doit recommander pour le labourage?

« Y a-t-il lieu de maintenir des prix spéciaux pour les concours de labourage?

« Le concours de labourage pourrait-il être imposé à tous les concurrents, soit pour le prix de la bonne tenue des fermes, soit pour le prix de culture de racines ou plantes fourragères?

« Faut-il imposer l'obligation de faire deux planches?

« Le jury chargé d'apprécier le concours de labourage étant choisi en dehors du canton, ne doit-il pas, dans tous les cas, assister à toutes les opérations de ce concours?

« Dans les divers concours de labourage, l'usage est généralement répandu de donner en prix des instruments aratoires : y a-t-il lieu de maintenir cet usage?

« Serait-il utile de donner généralement en prix des instruments perfectionnés avec ou sans médailles, des graines, des amendements ou des engrais?

« Y a-t-il lieu de limiter à deux le nombre d'hommes affecté à chaque attelage?

« Faut-il exclure tout concurrent qui aura des bêtes de harnais qui ne lui appartiendront pas?

« Faut-il accorder le prix aux propriétaires de la charrue et de l'attelage?

« Faut-il accorder la médaille au propriétaire et l'argent au charrueur?

« S'il était décidé que le charrueur serait récompensé, dans le cas où il serait domestique, exigerait-on qu'il fût resté depuis un certain nombre d'années dans la ferme?

« Doit-on établir chaque année un concours de labourage dans chaque comice?

« Un laboureur qui a obtenu un prix peut-il, l'année suivante, en obtenir un nouveau, si celui qu'il reçoit est inférieur à celui qu'il a précédemment obtenu? »

Les concours de labourage ne sont peut-être pas aussi utiles qu'on paraît le croire pour le progrès de l'industrie agricole. Je pense, toutefois, qu'on ne doit pas les pros-

crire, mais qu'on doit seulement les rendre moins fréquents. J'ai déjà eu l'occasion, sur le paragraphe deuxième,
d'émettre mes idées à cet égard. Il serait bien difficile
de limiter le nombre des bêtes attelées, si ce n'est après
avoir pris connaissance de la nature du sol où le labour
doit être fait. Tout ce qu'il y a de raisonnable, c'est de
fixer la profondeur du labour et de laisser les concurrents libres sur le nombre de chevaux ou de bœufs à
atteler, car les animaux de ces deux espèces sont plus ou
moins forts, et il est bien clair que l'attelage doit être
en rapport avec la résistance à vaincre. On peut maintenir les prix spéciaux pour le labourage, parce que c'est la
grande opération, le principal travail de l'agriculture. Je
serais partisan des attelages mixtes de deux bœufs et
d'un cheval, ou de quatre bœufs et d'un cheval; mais ne
peut-on pas objecter qu'il vaut mieux n'atteler ensemble
que des bêtes ayant une même allure? Ne serait-ce pas
le moyen de faire un labour plus régulier? Il faut avoir
labouré soi-même pour bien résoudre ces questions. Les
prix pour la bonne tenue des fermes sont ceux qu'on
doit décerner avec le plus de réserve; ce sont en quelque
sorte les prix d'honneur, parce qu'ils s'appliquent à un
ensemble de cultures, parce qu'ils les comprennent toutes,
ainsi que l'élevage des bestiaux et les soins à leur donner
suivant leur espèce et les avantages ou profits qu'on en
peut obtenir. Un premier et un second prix de cette nature suffiraient par chaque comice tous les deux ou trois
ans seulement. Les meilleurs prix, ceux qui peuvent
contribuer le plus efficacement aux progrès de l'agriculture, sont les prix en instruments aratoires perfectionnés,
en animaux reproducteurs, en graines, en amendements

ou en engrais, mais il importe d'y ajouter des médailles
dont le laboureur soit fier de décorer sa veste ou son
habit les jours de fête. Les prix en argent conviennent
mieux aux garçons de ferme. Les chevaux et les bœufs
n'étant que des instruments, des moteurs du labourage,
c'est au charrueur, à celui qui dirige la charrue, qui en
tient les *mancherons*, que le prix est dû. Je ne serais pas
d'avis d'accorder au laboureur un prix inférieur à celui
qu'il aurait obtenu précédemment; on devrait se borner,
dans ce cas, à lui décerner une mention honorable. Il est
indispensable, suivant moi, que le jury chargé d'apprécier le concours de labourage assiste à toutes les opérations de ce concours. J'abandonne les autres questions
de ce paragraphe aux personnes qui ont plus d'expérience
que moi dans la pratique du labourage.

§ XI.

DE LA CULTURE DES JARDINS DE FERMES.

« Ne serait-il pas nécessaire de fonder des prix spéciaux
pour la bonne culture des jardins?

« Le fermier habitué à bien cultiver son jardin ne cultive-
t-il pas mieux ses champs?

« Les fermiers cultivent-ils les diverses plantes maraîchères
reconnues les meilleures?

« Quels sont les moyens d'améliorer la taille des arbres
fruitiers? »

Dans mes *Notions d'Agriculture*, j'ai déjà recommandé
à nos fermiers de donner des soins à leurs jardins, dont
les produits fournissent de bons aliments et des accessoires précieux pour le potage. Les fèves, les petits pois,
les haricots, les carottes, les poireaux, les choux, les oi-

gnons, les navets, sont d'une grande ressource. L'usage
des légumes verts contribue à entretenir la santé en ra-
fraîchissant le sang et le corps. En sec, les petits pois,
les haricots, les fèves même, procurent une nourriture
saine et substantielle. On peut les convertir en une purée
plus ou moins épaisse, et faire par ce moyen une notable
économie de pain. Des prix distribués aux fermiers ou
petits propriétaires qui seraient reconnus pour avoir le
mieux cultivé leurs jardins et en avoir obtenu les produits les plus abondants, les plus beaux et de qualité
supérieure, seraient le plus puissant stimulant pour
vaincre l'apathie de nos paysans en ce qui concerne la
culture de leurs jardins, où on ne rencontre le plus souvent qu'un amas ou *fouillis* de mauvaises herbes dont les
graines se répandent au loin et infestent les champs voi-
sins. Il est très-certain, d'ailleurs, que celui qui cultive
bien son jardin, cultive mieux aussi que les autres laboureurs les terres de son exploitation, celles destinées à la
grande production. Le bon état du jardin suffirait pour
faire apprécier la valeur d'un fermier ou d'un cultivateur,
quel qu'il soit. Que l'on décerne donc des prix en argent
ou en graines à ceux qui seront jugés dignes de les recevoir, c'est-à-dire qui les auront mérités en tirant le
parti le plus profitable de leurs jardins. J'ai tenté moi-
même de les habituer à y planter des arbres fruitiers,
surtout dans la forme dite quenouille, qui, sans trop
couvrir le sol, donnent dans quelques années, des produits qu'on ne saurait dédaigner, car, en supposant qu'on
ne les vende pas, on peut les faire entrer dans l'alimentation de la famille, soit à l'état de crudité, soit après les
avoir cuits au four en même temps que le pain, ou au

foyer domestique, quand on prépare les repas, et sans ajouter à la consommation du bois. L'homme un peu intelligent apprendrait facilement à faire la taille des arbres fruitiers dressés en quenouille, en éventail et sous d'autres formes pour les rendre plus productifs. Quant aux moyens à employer pour l'amélioration de la taille des arbres fruitiers, on s'est fort occupé dans ces derniers temps de la perfectionner, et je ne sais si l'on est parvenu à mieux faire que ne l'a enseigné La Quintinie. Les personnes qui ont acquis le plus d'expérience en ce genre pourraient rédiger à cet égard, une instruction aussi simple que brève, à l'usage de nos cultivateurs, fermiers ou petits propriétaires, car on doit toujours s'appliquer à répandre les connaissances et les découvertes de la science dans les classes ignorantes, qui seules ont besoin d'être éclairées et guidées.

§ XII.

ÉLAGAGE DES ARBRES SUR LE BORD DES CHEMINS.

« Le mode d'élagage des arbres plantés sur le bord des chemins ne nuit-il pas à la conservation et au développement des arbres?

« Quelle direction serait-il possible de donner aux fermiers pour améliorer le mode actuel d'élagage? »

S'il s'agit, dans les deux seules questions de ce paragraphe, de l'élagage des arbres plantés sur le bord des chemins publics des diverses classes que la loi ou l'administration en a formées, c'est à elles qu'il appartient de prescrire le mode le mieux approprié à l'entretien et à la conservation de ces chemins et le moins dommageable à la propriété ou aux arbres. Je leur laisse donc ce soin, me bornant à faire observer que l'élagage fréquent, qui est nuisible aux arbres, est en quelque sorte commandé si l'on veut maintenir les chemins en bon état de viabilité. Je pense, comme je l'ai dit dans mon *Essai sur la voirie rurale*, qu'il conviendrait d'interdire la plantation d'arbres à haute tige ou d'arbres forestiers, à moins d'un mètre de la ligne extérieure ou du bord extérieur des fossés. Si on ne croyait pas pouvoir ordonner l'abattage de ceux qui existent actuellement à une moindre distance, on devrait exiger qu'ils fussent entretenus sans branches à la hauteur de cinq ou six mètres, en ordonnant, en outre, de ne pas leur laisser de trop fortes têtes et même de les supprimer quand elles s'inclineraient sur le chemin, parce que l'*égout* des branches de ces têtes endommage beaucoup les chemins. Les précautions et prescriptions que je viens d'indiquer sont indispensables pour que l'air et le soleil dessèchent promptement ou le plus promptement possible les chemins, et plus particulièrement ceux qui ont le moins de largeur de chaussée, c'est-à-dire ceux des dernières classes.

§ XIII.

DES PROGRAMMES DES COMICES.

« A quelle époque convient-il de publier les programmes des comices ?

« Ne jugerait-on pas à propos de les publier une année à l'avance ?

« Les programmes des comices doivent-ils relater toutes les conditions que doit présenter une ferme bien tenue ?

« Les prix décernés dans ce but sont-ils assez importants pour provoquer des améliorations ?

« Quels sont les moyens de faire connaître aux cultivateurs les avantages d'une ferme bien tenue?

« Quels seraient les moyens les plus efficaces pour déterminer tous les cultivateurs à tenir une comptabilité agricole?

« N'y aurait-il pas lieu de distribuer, tous les ans, un compte rendu de la visite des fermes? »

Les programmes des comices devant comprendre l'ensemble des cultures, les labours préparatoires, ceux d'ensemencement et les travaux de récolte des productions de toute nature, il faudrait qu'ils fussent arrêtés et publiés quinze mois à l'avance, au mois de mai ou au mois de juin de chaque année pour les primes ou prix à distribuer au mois d'octobre de l'année suivante, afin qu'on fût à même d'examiner tous les travaux, toutes les opérations qui s'accomplissent depuis les premiers labours jusqu'à la récolte de chaque produit, ce qui exigerait plusieurs visites des lieux par les commissions des comices, qui auraient aussi à constater l'état des bestiaux, des fermes, des fourrages, l'installation des étables et écuries et leur propreté.

Il serait d'autant plus utile d'énumérer dans les programmes toutes les conditions constitutives d'une ferme bien tenue, que ce serait un bon enseignement pour nos cultivateurs, en général fort ignorants; mais il y aurait nécessité de faire imprimer et distribuer ces programmes, ce qui entraînerait des frais auxquels les comices pourraient bien difficilement pourvoir, attendu que leurs ressources pécuniaires sont très-minimes.

Ainsi que je crois l'avoir déjà dit sur un autre paragraphe, le prix de bonne tenue de ferme serait le prix d'honneur, et, par cette raison, je n'en admettrais qu'un

ou tout au plus que deux par année (1), et qui consiste-
raient en instruments aratoires perfectionnés ou en animaux reproducteurs; mais on accorderait en sus au plus
méritant, à celui qui aurait été jugé digne d'avoir le premier prix, une médaille en argent comme celle décrite
au § V. Ces prix ne seraient jamais décernés aux propriétaires riches et instruits, qui devraient se contenter
de mentions honorables. Les encouragements en objets
de valeur, en argent, en instruments aratoires ou en bestiaux, ont pour destination, pour but d'exciter l'émulation
et l'activité des fermiers et petits propriétaires, de la
classe la plus nombreuse et la plus ignorante de nos
cultivateurs. Les grands propriétaires, qui sont généralement instruits, n'ont pas besoin d'être stimulés par l'ap-
pât de récompenses pécuniaires ou appréciables en argent, et ne peuvent aspirer qu'à des prix purement hono-
rifiques. D'ailleurs, comment de simples cultivateurs
pourraient-ils entrer en lutte avec eux? Cela ne serait ni
raisonnable ni juste.

Rien ne peut mieux faire comprendre à nos cultivateurs les avantages d'une ferme bien tenue que les prix
décernés à ceux qui se sont fait le plus remarquer à ce
point de vue, qui, je le répète, renferme tous les détails
d'une bonne exploitation rurale. Les résultats, nécessai-
rement fructueux, d'une tenue de ferme parfaite ou approchant de la perfection, seraient encore un moyen, et
le plus puissant sans doute, de les exciter à y parvenir.

Il est un prix à instituer, si on ne l'a fait déjà, et qui

_____

(1) Mais après dix-huit mois écoulés, ainsi qu'il a été dit plus haut,
ou même tous les deux ou trois ans seulement. (Voir le § IX.)

serait attribué au propriétaire ayant fait construire dans l'année les bâtiments les mieux aménagés et disposés pour le logement des exploitants, pour celui du bétail, et, enfin, pour tous les besoins d'une ferme dont l'importance pourrait être déterminée dans le programme.

Il serait certes à désirer que les cultivateurs prissent l'habitude de tenir une comptabilité agricole, mais le plus grand nombre est dans l'impossibilité de le faire, et pour ceux qui en auraient la capacité, il n'y aurait aucun contrôle possible à exercer sur le chiffre réel des dépenses et des recettes. C'est pourtant le bénéfice obtenu qu'il faut considérer; en un mot, la bonne agriculture est celle dont les produits excèdent de beaucoup les dépenses. On ne saurait qu'engager les cultivateurs qui savent écrire à se rendre compte de tous les frais auxquels a donné lieu chaque nature de culture et à tenir note exacte de la valeur des produits. J'ai connu un agriculteur qui ouvrait un compte pour chacune des pièces de terre de son exploitation. Cette comptabilité présente des difficultés, parce que le temps force souvent, dans la même journée, à suspendre un travail pour se livrer à un autre.

Il conviendrait de distribuer tous les ans, ou seulement tous les deux ans, un compte rendu de la visite des fermes. Ce serait un moyen de constater les progrès de l'agriculture dans nos contrées; mais vient encore se placer ici la question d'argent, qui arrête si souvent les comices dans la voie où ils sont entrés. Pour distribuer le compte rendu, il faudrait le faire imprimer, et cela est coûteux.

§ XIV.

SERVITEURS RURAUX.

« Toutes les récompenses décernées aux serviteurs ruraux produisent-elles les mêmes résultats?

« Les comices font-ils connaître à l'avance les conditions que les domestiques doivent remplir pour être jugés dignes d'obtenir une récompense?

« Les livrets rendus obligatoires pour les domestiques de ferme, de même que pour les ouvriers, produiraient ils de bons résultats? »

Je ne saurais avoir une opinion sur les résultats des récompenses décernées aux serviteurs ruraux des deux sexes. Il me semble qu'ils ne peuvent avoir été que bons, car ils ont pour effet et pour but d'attacher les serviteurs à leurs maîtres ou patrons, d'honorer la fidélité, la probité, l'activité, le dévouement aux devoirs, et rien ne mérite à un plus haut degré d'être récompensé et d'être encouragé. Un bon serviteur est un bon ami, a dit La Fontaine. Les comices font sans doute connaître à l'avance les conditions que les domestiques doivent remplir pour être jugés dignes d'obtenir une récompense. Ce sont, j'en suis convaincu, celles que je viens d'énoncer, auxquelles il faut ajouter la durée plus ou moins longue des services envers les mêmes patrons. On ne peut trop applaudir à l'institution de pareilles récompenses, car on ne doit rien négliger pour moraliser toutes les classes de la population. Bien des personnes se plaignent de leurs domestiques, mais pour ce qui me regarde, j'ai eu presque constamment à me féliciter de leurs services, de leur attachement et de leur dévouement à ma personne, et

j'éprouve un véritable plaisir à leur témoigner ici ma re-
connaissance. J'en ai connu plusieurs qui ont nourri de
leurs épargnes et du fruit de leur travail de vieux maîtres
tombés dans le malheur et dans la misère. Que l'on con-
tinue donc de récompenser les bons serviteurs, et puisse-
t-on le faire avec plus de générosité et même d'éclat!
Les livrets rendus obligatoires pour les domestiques de
ferme, de même que pour les ouvriers, ne pourraient
produire que de bons effets, pourvu que les maîtres fussent toujours impartiaux dans leurs attestations. Cependant, on aurait peut-être à craindre des vengeances de la
part des mauvais domestiques, et il pourrait arriver aussi
que des maîtres se laissassent dominer par des passions
coupables et fussent injustes envers eux, uniquement
parce qu'ils n'auraient pas voulu rester à leur service.
Cela prouve de plus en plus que les choses les meilleures
en elles-mêmes, présentent souvent des inconvénients et
ont de fâcheux résultats. Au reste, les certificats peuvent
suffire; on en donne de bons aux domestiques dont on a
été content, et on en refuse aux autres. C'est plus simple
et moins sujet à des altercations, dont il faut toujours
redouter les conséquences.

§ XV.

DES CHEMINS RURAUX.

« Quels sont les meilleurs moyens d'améliorer les chemins
ruraux?

« Serait-il possible de les améliorer en instituant des syndicats dans chaque commune?

« Devrait-on astreindre les riverains à réparer les chemins
ruraux?

« L'élagage des arbres et le curage des fossés seraient-ils suffisants pour améliorer un grand nombre de chemins ruraux?

« Les comices agricoles peuvent-ils contribuer à l'amélioration des chemins ruraux? »

M. le préfet pose ainsi la première question de ce paragraphe. Quels sont les meilleurs moyens d'améliorer les chemins ruraux?

Par ces mots *chemins ruraux*, M. le Préfet restreint sans aucun doute sa question aux chemins ruraux ou communaux, publics par conséquent, mais non classés comme vicinaux d'après les lois du 28 juillet 1824 et du 21 mai 1836.

Convaincu que la facilité des communications était une condition *sine quâ non* de la prospérité future ou même prochaine de l'agriculture dans les départements de l'ancienne province de Bretagne et de l'ouest de la France en général, ma pensée et tous mes efforts se sont portés sur ce point capital. C'est ce qui me détermina à faire imprimer mon *Essai sur la voirie rurale*, dont je transmis des exemplaires à LL. EExc. le Ministre de l'intérieur, le Ministre de l'agriculture, du commerce et des travaux publics, et le Ministre de la justice, ainsi qu'à LL. EExc. le Président du Sénat et le Président du Conseil d'Etat; à MM. les Préfets des départements des Côtes-du-Nord, de l'Ille-et-Vilaine et de la Loire-Inférieure. Cet essai n'a pas reçu un très-bon accueil de MM. les Préfets, qui auraient pu m'adresser leurs observations, ou au moins m'en accuser réception. Leur indifférence doit sans doute être attribuée à ce que je proposais de modifier, de remanier la législation existante sur la voirie rurale, prise dans le sens le plus large de cette expres-

6

sion, *latissimo sensu*, ce qui excédait leurs pouvoirs, qui ne s'étendent pas au-delà de l'exécution des lois et des instructions et ordres des ministres. Dans mes *Notions d'Agriculture*, dans le mémoire que j'ai adressé à la section de législation du Conseil d'Etat relativement au projet de code rural, j'ai encore appelé l'attention du gouvernement sur cette importante matière. Mes idées à ce sujet, que je crois toujours bonnes jusqu'à ce que le contraire ne me soit bien démontré, n'ont pas fait fortune, n'ont amené aucun résultat.

Je n'ai jamais nié les bienfaits de la loi du 28 juillet 1824, et plus spécialement de celle du 21 mai 1836, mais ils sont insuffisants. Il y a beaucoup de chemins ruraux ou communaux, publics de leur nature, qui ne sont pas classés comme vicinaux, et qui sont impraticables. L'agriculture souffre beaucoup de cet état de choses. Si ces chemins étaient rendus viables, les propriétés acquerraient une plus-value considérable, et le gouvernement trouverait dans l'accroissement des droits de mutation, de ceux à percevoir sur les baux et sur diverses denrées ou divers produits devenus plus abondants, une large compensation des sacrifices qu'il ferait pour venir en aide aux communes; enfin, les propriétaires riches se fixeraient plus généralement sur leurs terres, s'occuperaient presque forcément de les améliorer, retiendraient par là dans nos campagnes la classe ouvrière qui se jette dans les villes, et répandraient autour d'eux des bienfaits qui suppléeraient en quelque sorte au défaut d'établissements charitables dont la plupart des communes rurales sont privées.

Ce qui est d'une grande importance et d'une grande urgence, c'est que l'on procède à un classement régulier,

bien complet, de tous les chemins ruraux ou communaux
non encore classés comme vicinaux, mais qui seraient
reconnus utiles pour l'agriculture. Cette mesure avait été
ordonnée par l'arrêté du 23 messidor an V (11 juillet
1797), dans le but, à la vérité, d'arriver à la suppression
des autres chemins n'ayant pas ce caractère. La loi du
9—19 ventôse an XIII (28 février—10 mars 1805), pres-
crivait, dans son art. 6, à l'administration, de faire rechercher et reconnaître les anciennes limites des chemins
vicinaux, et de fixer, d'après cette vérification, leur largeur suivant les localités, sans pouvoir cependant, lorsqu'il serait nécessaire de l'augmenter, la porter au-delà
de six mètres, *ni faire aucun changement aux chemins
vicinaux qui alors excèderaient cette dimension*. L'exécution de ces lois a été rappelée, sinon expressément, du
moins équivalemment, par une circulaire ministérielle du
16 novembre 1839; mais on peut dire que le résultat
désiré n'a pas été obtenu, parce que les dispositions si
sages de l'arrêté et de la loi précités n'ont pas reçu une
complète exécution. Bien loin de là, on est même arrivé
à contrevenir à l'art. 6 de la loi du 9 ventôse an XIII,
en vendant, avec l'autorisation de l'administration, sous
le nom de relais de chemins, les parcelles de terrain
excédant la dimension de six mètres, et en agissant
ainsi on s'est privé souvent des matériaux nécessaires
pour l'entretien ou pour l'amélioration de ces chemins.
Le classement des chemins était encore l'objet d'une disposition du projet de code rural de 1808, ce qui prouve
surabondamment qu'il est réclamé par les besoins de
l'agriculture, qui sont ceux de la société tout entière. On
objectera peut-être que l'arrêté du 23 messidor an V et
la loi du 9 ventôse an XIII ne s'appliquent qu'aux che-

mins vicinaux; mais je réponds que lors de leur émission, le mot *vicinal* n'avait pas la signification restreinte
qu'on lui a donnée plus tard, et j'en trouve la preuve
dans l'art. 1er de l'arrêté, lequel est ainsi conçu : Dans
chaque département de la république, l'administration
centrale fera dresser un état général des chemins vicinaux
de son arrondissement, *de quelqu'espèce qu'ils puissent
être*. L'art. 2 indique, indépendamment des motifs de
l'arrêté, la pensée du législateur. Il porte que d'après cet
état, celui prescrit par l'art. 1er, l'administration consta-
tera *l'utilité de chacun des chemins* dont l'état sera composé. Ainsi, on voulait conserver tous les chemins jugés
utiles pour l'agriculture, et il importait que cela fût. Il
est certain, d'ailleurs, que suivant l'étymologie que j'ai
adoptée dans mon mémoire adressé à la section de législation du Conseil d'Etat, les chemins vicinaux sont tous
ceux qui conduisent de *vico ad vicum*, c'est-à-dire de
bourg à bourg ou de village à village. Au reste, je re-
gretterai toujours qu'on n'ait pas admis une nomencla-
ture des chemins beaucoup plus en rapport avec les divisions du territoire de la France, et que j'ai proposée dans
mon *Essai sur la voirie rurale*. Après les routes impériales et départementales viendraient les chemins cantonaux et communaux, puis les chemins particuliers. Les
lois des 28 juillet 1824 et 21 mai 1836 ont semblé n'a-
voir pour objet que les chemins de communication entre
les villes et les chefs-lieux de communes rurales ou entre
les chefs-lieux de ces dernières. L'administration a puisé
dans la loi du 21 mai 1836 ou en a fait découler trois
classes de chemins vicinaux, ceux de grande communication, ceux d'intérêt commun et les chemins vicinaux
simples, plus spécialement utiles à une seule commune.

Je n'examinerai pas si ces trois catégories sont à l'abri
de justes critiques. Il me suffit de faire remarquer que
jusqu'à présent on ne s'est occupé que des chemins conduisant de villes à bourg ou de bourg à bourg (de chefs-
lieux à chefs-lieux de communes rurales). Il a été pourvu
aux dépenses d'entretien, d'amélioration ou même d'ou-
verture des chemins vicinaux, conformément aux deux
lois de 1824 et de 1836, avec les ressources ordinaires
des communes, avec des centimes additionnels aux quatre
contributions directes et avec les prestations en nature.
Aujourd'hui, on se demande à quels moyens il faudrait
recourir pour rendre praticables les chemins communaux
ou ruraux, publics de leur nature, mais non classés
comme chemins vicinaux ; car on prétend que tous les
revenus ou les autres ressources des communes sont insuffisants pour faire face aux frais d'entretien des trois
catégories de chemins vicinaux actuellement classés. Voici
les trois principales questions posées par M. le Préfet :
Quels sont les meilleurs moyens d'améliorer les chemins ruraux ? — Serait-il possible de les améliorer en
instituant des syndicats dans chaque commune ? — Devrait-on astreindre les riverains à réparer les chemins
ruraux ?

Je pense que si, contrairement aux observations et
aux motifs consignés dans mon mémoire, à la section de
législation du Conseil d'État, imprimé en 1859, on veut
mettre les dépenses d'amélioration et d'entretien des
chemins ruraux à la charge de ceux à qui ils sont utiles,
il n'y a qu'un moyen à employer, parce que lui seul aurait un principe au moins apparent de justice et de raison, ce serait de créer une commission ou un syndicat
qui dresserait un état des propriétés desservies par

chaque chemin rural ou communal et en fixerait, à l'aide du cadastre ou des baux, le revenu annuel, puis dresserait un rôle de la contribution proportionnelle aux frais d'entretien et d'amélioration, supportable par chacun des propriétaires, usufruitiers et fermiers. Ce rôle serait rendu exécutoire par le Préfet du département, ou même par le Sous-Préfet de l'arrondissement. La perception serait faite par un membre du syndicat, ou mieux par le percepteur, dans la forme en usage pour les contributions publiques. Des membres du syndicat, toujours composé des propriétaires et fermiers du quartier ou de la section de commune où seraient situés les chemins, et par conséquent les plus intéressés à leur bon état, seraient chargés successivement, ou par année, de diriger les travaux et d'en surveiller l'exécution. Pour ne pas trop grever les fermiers, leur contribution consisterait en journées de charroi et en journées d'homme qui seraient, à leur option, acquittées en nature ou en argent au prix fixé par le syndicat. Dans ce système, l'intervention de l'administration serait encore nécessaire pour l'élargissement des chemins ou leur rectification.

On ne saurait, sans injustice, mettre l'entretien et l'amélioration des chemins ruraux à la charge des riverains, dont les propriétés ne sont pas toujours desservies par les chemins qui les longent ou bordent.

Dans mon opinion, les chemins ruraux non classés comme vicinaux, mais communaux et publics, devraient être entretenus et améliorés aux frais de la généralité des propriétaires, fermiers et habitants de chaque commune, comme les chemins vicinaux eux-mêmes. Ce serait justice : en effet, depuis 1824, les centimes additionnels et les journées de prestation employés à la mise en bon état

des lignes vicinales, qui ont augmenté considérablement
la valeur des propriétés riveraines, ont pesé sur les propriétaires et fermiers placés dans une situation moins fa-
vorable, c'est-à-dire dont les terres se trouvent éloignées
de ces lignes. Pourquoi ne leur viendrait-on pas en aide
par réciprocité? Il s'agit ici incontestablement d'un objet
d'intérêt public, puisque la facilité des communications
doit accroître dans une large proportion les productions
du sol. Cette considération si puissante devrait déterminer le gouvernement à subventionner les communes
pauvres, afin de les mettre à même de réparer leurs chemins. Les sommes affectées à cette destination rendraient
bien plus de services à la société que celles accordées
pour les courses de chevaux. L'Etat devrait être d'autant
plus disposé à le faire, que depuis l'établissement des
chemins de fer les dépenses à faire pour les routes impériales ont été fort atténuées. Il est encore possible d'al-
léger le fardeau des communes en classant comme routes
départementales les chemins vicinaux de grande communication le plus fréquentés.

La loi du 21 mai 1836, dans son art. 10, a posé, sans
motif suivant moi, un principe qui a été mal interprété;
cet article déclare que les chemins actuellement classés
comme vicinaux sont imprescriptibles. On a évoqué les
maximes assez triviales : *inclusio unius, exclusio alterius
— qui dicit de uno, negat de altero*, bases de l'argument
a contrario, qui conduit souvent à des conséquences er-
ronées, et on est arrivé à conclure que les chemins ruraux non classés, quoique publics, étaient devenus pres-
criptibles, de sorte que les riverains ont été enhardis à
commettre des anticipations sur ces chemins protégés
cependant par l'art. 2226 du Code Napoléon, d'après

lequel on ne peut prescrire le domaine des choses qui
ne sont point dans le commerce (et parmi lesquelles il
faut placer celles destinées à un service ou à un usage
public comme le sont les chemins communaux). La jurisprudence a eu occasion de se prononcer contre les
envahisseurs et d'établir que tous les chemins publics,
dans quelque catégorie qu'ils soient rangés, sont imprescriptibles et l'ont toujours été. (1)

L'administration regarde les chemins ruraux et même
les chemins vicinaux de la troisième classe comme d'une
utilité secondaire, dont par suite on s'occupe peu ; cependant ce sont ces chemins qui, comme je l'ai fait
observer ailleurs, conduisent aux sources de la production, aux fermes, aux hameaux ou villages. Comment
transporter les denrées de toute espèce dans les grands
centres de population, et les engrais et amendements sur
les terres qu'il faut fertiliser, si les chemins ruraux sont
impraticables ? On les considère à tort, dans mon opinion, comme d'utilité secondaire ; toutes les voies de
communication forment un ensemble qu'on ne peut
fractionner, pas plus, ai-je ajouté, que le corps humain.
Que dirait-on si on s'avisait d'appliquer aux doigts de
nos mains et de nos pieds l'expression de membres d'une
utilité secondaire ? Mais que serait un bras sans main,
une jambe sans pied ? Qu'on admette la suppression de
ces membres très-inférieurs, et l'homme ne serait plus
qu'un être tout à fait incomplet ; il ne pourrait rien faire,
et il serait privé de la faculté de locomotion. La même
imperfection serait en quelque sorte attachée à un système de voirie qui n'embrasserait pas tout le territoire

(1) Voir le Code pénal, art. 479, n° 11.

d'un État, qui ne relierait pas, au moyen de nombreux
embranchements, les points les plus extrêmes aux villes
et aux parties les plus centrales. Il arrive encore quelquefois, et je pourrais en citer plus d'un exemple, que
l'administration, contrairement à l'esprit de la loi du
21 mai 1836, se porte à faire ouvrir et à classer immédiatement comme vicinaux des chemins de pur agrément,
tandis qu'elle refuse d'accorder la même faveur à d'autres
chemins desservant des fermes et des villages, et conséquemment d'une grande utilité pour l'agriculture. Enfin,
des chemins déjà classés comme vicinaux sont délaissés,
c'est-à-dire qu'aucuns travaux n'y sont faits, de sorte
qu'ils sont et demeurent impraticables. Cependant on lit
fréquemment dans les journaux des départements des
discours plus ou moins pompeux sur tout ce qui s'accomplit dans l'intérêt de l'agriculture, pour en hâter les
progrès dans nos contrées où elle est réellement arriérée,
où elle continuera de l'être aussi longtemps que les voies
de communication ne seront pas rendues faciles pour le
transport des engrais et des amendements, ainsi que de
toutes les productions du sol. Je répète cela depuis huit
ans, et ne cesserai de le faire aussi longtemps qu'il
n'aura pas été apporté une amélioration notable à l'état
actuel de notre voirie rurale.

L'élagage des arbres et le curage des fossés contribue-
raient à l'amélioration des chemins ruraux, mais ne peuvent évidemment suffire pour les maintenir en bon état.
Bien malheureusement, nos paysans s'obstinent à maintenir constamment les roues de leurs charrettes dans les
mêmes ornières, qui deviennent profondes et se remplis-
sent d'eau aux premières pluies. Le séjour de l'eau dans

ces ornières détrempe les terres de toute la chaussée, et le chemin devient en peu de temps un cloaque, un bourbier. Une bonne et simple opération serait, aux premières sécheresses du printemps, de faire recombler les ornières pratiquées par les roues des voitures.

Les comices agricoles pourraient coopérer à l'amélioration de la voie rurale en accordant des primes aux propriétaires et fermiers qui auraient, à leurs frais, d'une façon quelconque, rendu praticables des chemins communaux non classés comme vicinaux.

Enfin, on pourrait opérer une notable économie en réunissant la voirie rurale aux ponts-et-chaussées. L'institution des agents-voyers, telle qu'elle existe dans quelques départements, absorbe une grande partie des centimes additionnels votés pour les chemins vicinaux, sur lesquels il y a peu de travaux d'art à exécuter. Avec une faible augmentation de traitement, les conducteurs des ponts-et-chaussées pourraient être chargés de ce service si on plaçait sous leurs ordres, dans chaque canton, une brigade de cantonniers, ainsi que je l'ai un peu plus amplement expliqué dans mon mémoire relatif au Code rural déjà cité. (1)

GAGON,

Conseiller honoraire à la Cour Impériale de Rennes.

---

(1) Ce travail, terminé le 7 juillet, devait être communiqué à M. le Préfet d'Ille-et-Vilaine le 8 ou le 9, mais différentes circonstances ne permirent pas à l'auteur de le faire.

TABLE

Rennes. — Imp. Ch. Catel.

www.ingramcontent.com/pod-product-compliance
Lightning Source LLC
Chambersburg PA
CBHW071108210326
41519CB00020B/6225